Dr. Doris Quint

Kranker Hund – was tun?

Krankheiten erkennen - heilen - vorbeugen

109 Farbfotos

PATIENT TIER

Ulmer

Allgemeiner Teil

Basiswissen

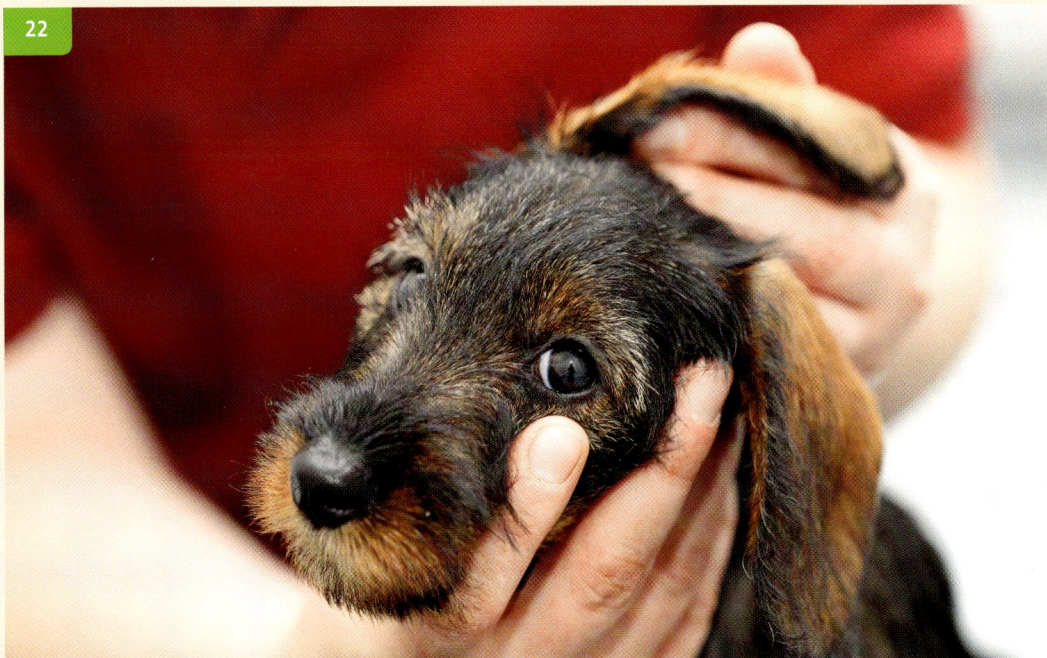

22

Krankheiten erkennen und behandeln

22

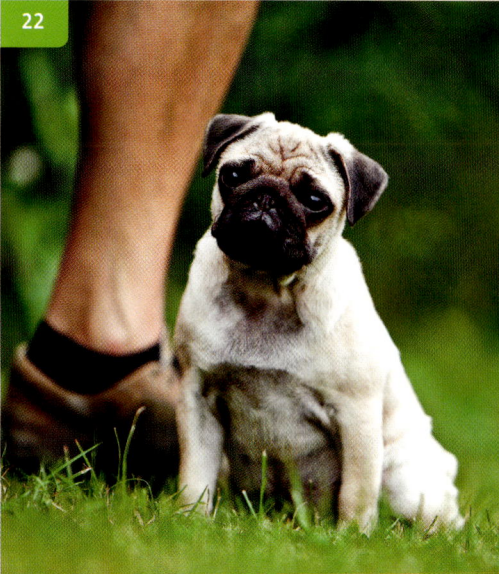

Spezieller Teil

Infos

Service

Vorwort

Anhand genetischer Untersuchungen konnte inzwischen bewiesen werden, dass unsere Hunde ausschließlich vom Wolf abstammen. Bereits gegen Ende der letzten Eiszeit begann der Mensch, Wölfe in seinen Lebensbereich mit aufzunehmen und nach seinen Bedürfnissen zu formen. Der älteste Knochenfund eines domestizierten Urhundes ist 14 000 Jahre alt. Körperform und Wesen der ursprünglich wild lebenden Tiere wurden im Laufe der Jahrtausende hinsichtlich der Gebrauchsfähigkeit für den Menschen verändert. Die Anpassungen an die Anforderungen des Menschen garantierten dem Hund Vorteile im Überlebenskampf. Der Preis dafür war und ist der Verlust der Freiheit und aufgrund der veränderten Körperform – es gibt inzwischen unzählige Hunderassen – oft auch der Fähigkeit, in Freiheit zu überleben. Unsere Hunde sind in ihrer Entscheidungsgewalt über ihren Fortpflanzungstrieb, ihre sozialen Kontakte, über die Nahrungs- und Wasseraufnahme stark eingeschränkt, sie dürfen nicht einmal frei darüber entscheiden, wann sie ihre Ausscheidungen verrichten können. Sie sind uns völlig ausgeliefert.

Aufgrund dieser Veränderungen und Einschränkungen haben wir Menschen eine Verantwortung übernommen: die Verantwortung für das Tier als Mitgeschöpf, dessen Leben und Wohlbefinden zu schützen (§1 Tierschutzgesetz). Als Ausgleich für die verlorene Freiheit sind wir verpflichtet, die von uns aufgenommenen Tiere art- und rassegerecht zu halten, sie harmonisch in das Leben in unserer Zivilisation zu integrieren und damit unter anderem auch an den Errungenschaften der modernen Medizin teilhaben zu lassen.

Die nachfolgenden Kapitel geben Ihnen Informationen, wie Sie die Gesundheit Ihres Hundes erhalten und bei auftretenden Erkrankungen mit Unterstützung des Tierarztes nach Möglichkeit wieder herstellen können. Die frühzeitige tierärztliche Behandlung und die richtige Anwendung von Naturheilmitteln, dort wo es sinnvoll ist, helfen dabei, Gesundheitsstörungen zu überwinden und das Leben Ihres Schützlings zu verlängern.

Dr. Doris Quinten

Basiswissen

Was sind die Geheimnisse eines langen, gesunden Hundelebens?
Erfahren Sie, welche Rolle die richtige Pflege, eine ausgewogene Ernährung und regelmäßige Vorsorgeuntersuchungen dabei spielen.

Physiologische Daten

Lebenserwartung

Das biologische Höchstalter eines Hundes ist von Rasse zu Rasse verschieden. Grundsätzlich kann gesagt werden, dass Hunde größerer Rassen im Durchschnitt eine geringere Lebenserwartung haben als Hunde kleinerer Rassen. Ein Schäferhund von 15 Jahren ist zum Beispiel sehr selten, während Dackel durchaus 15 Jahre und länger leben können. Aber auch von dieser Regel gibt es Ausnahmen. Sehr kleinwüchsige Hunde, wie Yorkshire Terrier oder Papillon, werden meist nicht älter als 12 Jahre. Dagegen gibt es auch sehr langlebige

Die individuelle Lebenserwartung eines Hundes innerhalb seiner Rasse hängt neben der Ernährung und der optimalen medizinischen Versorgung aber sicherlich auch von psychischen Faktoren ab. Ein Hund, der geliebt wird, lebt in der Regel länger.

Rassen, zu denen Pudel und Spitz gehören. Sie können bis zu 20 Jahre und darüber werden. Boxer werden selten älter als 10 Jahre, was sicher auch mit der Neigung zu Herz- und Tumorerkrankungen dieser Rasse zusammenhängt.

Sehr kleinwüchsige Hunderassen haben eine geringere Lebenserwartung.

Pudel können bis zu 20 Jahre alt werden.

Hündin und Rüde werden im Durchschnitt mit 9 Monaten geschlechtsreif.

Geschlechtsreife

Die erste Läufigkeit einer Hündin tritt je nach Rasse und Individuum zwischen dem 6. und 12. Lebensmonat auf. Der Rüde wird im Durchschnitt mit 9 Monaten geschlechtsreif. Zwerghunde sind oft etwas frühreifer als mittel- und großwüchsige Rassen.

Zähne

Der Hund besitzt ein Fleischfressergebiss, mit dem er ursprünglich Beutetiere ergriffen und getötet hat. Die Kiefergelenke sind so konstruiert, dass sie keine Seitwärtsbewegungen, wie es zum Zermahlen von Nahrung notwendig wäre, erlauben. Als **Fangzähne** (Canini) werden die vier langen Eckzähne des Hundes bezeichnet. Die **Reiß- oder Brechzähne** sind die Zähne P4 (Prämolar 4) im Oberkiefer und M1 (Molar 1) im Unterkiefer, mit deren Hilfe zum Beispiel auch Knochen zerkleinert werden können.

Bei der Geburt sind noch keine Zähne vorhanden. Ab der 4. Lebenswoche beginnen die

Hundewelpen „zu zahnen", das heißt die ersten Milchzähne brechen durch. Das **Milchgebiss** des Hundes besteht aus **28 Zähnen**.

Der Zahnwechsel erfolgt im 3. Lebensmonat und sollte spätestens mit 7 Monaten abgeschlossen sein. Die Milchzähne werden hierbei durch bleibende Zähne ersetzt. Zusätzlich brechen im Alter von 5 bis 6 Monaten im Ober- und Unterkiefer noch weitere Backenzähne durch das Zahnfleisch, sodass das **bleibende Gebiss 42 Zähne** aufweist.

Das bleibende Gebiss eines Hundes hat 42 Zähne.

Körpergewicht

Das Idealgewicht eines Hundes ist von Rasse zu Rasse unterschiedlich. Dennoch gibt es zwei gemeinsame Kriterien, nach denen man sich bei der Kontrolle des Körpergewichtes richten kann:

- Der Bereich vom Brustkorb bis zum Becken sollte sanduhrförmig verlaufen. Die Taille (zwischen Brustkorb und Becken) ist dabei deutlich eingeschnürt.
- Die Rippen sollten spürbar, aber nicht sichtbar sein.

Jedes **übermäßige Pfund** ist in den meisten Fällen auf zu üppiges Fressen zurückzuführen und belastet die Gesundheit. **Untergewicht** ist immer ein Alarmzeichen und sollte in jedem Fall Anlass zu einem Tierarztbesuch sein.

Innere Körpertemperatur

Die innere Körpertemperatur wird rektal, das heißt im Enddarm gemessen. Verwenden Sie bitte kein Glasthermometer mit Quecksilberfüllung. Bei starker Abwehr des Hundes könnte es zerbrechen und zu Verletzungen führen. Es gibt praktische und recht preiswerte digitale Fieberthermometer zu kaufen. Sie haben nur einen geringen Durchmesser und lassen sich, mit etwas Vaseline gleitfähig gemacht, leicht in den After einführen. Die Messzeit beträgt etwa eine Minute. Das Ende der Messzeit wird je nach Fabrikat durch Blinkzeichen oder einen Signalton angezeigt.

> Die innere Körpertemperatur eines gesunden Hundes liegt im Durchschnitt zwischen 38,0 °C und 39,0 °C. Werte über 39,3 °C sind als Fieber zu interpretieren, Werte unter 37,7 °C als Untertemperatur.

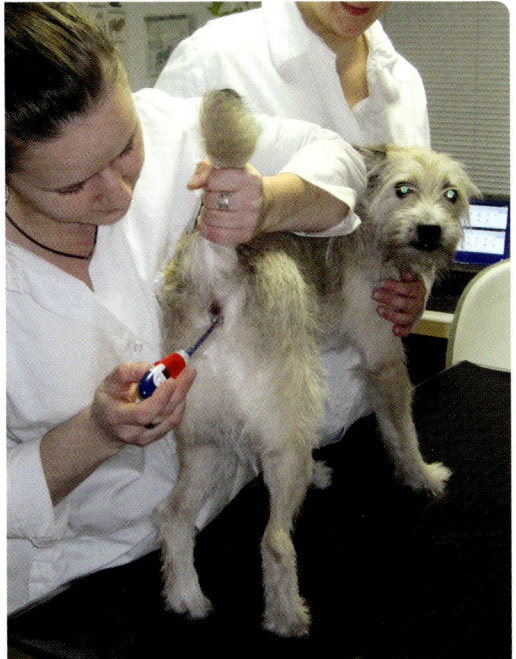

Die innere Körpertemperatur wird im Enddarm gemessen.

Gesundheitsvorsorge

Um Krankheiten vorzubeugen sowie versteckte Erkrankungen frühzeitig zu erkennen, empfiehlt sich eine regelmäßige Gesundheitskontrolle durch den Tierarzt, bis zum 6. Lebensjahr einmal jährlich, danach alle 6 Monate. Zusätzlich sollten Sie immer „ein Auge" auf den Gesundheitszustand Ihres vierbeinigen Freundes haben.

Augen

Gesunde Augen sind klar und ohne übermäßige Sekretbildung. Sogenannte „Sandmännchen" am Morgen, kleine, trockene oder auch teilweise etwas schleimige Auflagerungen in den Augenwinkeln, sind harmlos und können mit den Fingern oder einem feuchten Tuch entfernt werden. Feuchte, heiße Augenkom-

Gesunde Augen sind klar und ohne Sekretbildung.

pressen bei übermäßigem Sekretausfluss fördern die Selbstheilung. Die meisten Hunde lassen sich das gerne gefallen. **Vorsicht:** Verwenden Sie niemals Kamille am Auge. Die Schwebstoffe der Kamille reizen die empfindliche Augenbindehaut und können Entzündungen verstärken.

Starke Sekretbildung, Schwellungen, Rötungen oder sonstige Veränderungen am Auge sind Krankheitszeichen und erfordern tierärztliche Hilfe. Eine sofortige Therapie ist zum Beispiel bei Verletzungen der Augen oder beim akuten Glaukom (grüner Star) absolut notwendig, um das Augenlicht zu erhalten (siehe auch Erkrankungen der Sinnesorgane).

Ohren

Gesunde Hundeohren reinigen sich selbst. Verwenden Sie niemals Wattestäbchen zur Reinigung des Gehörgangs. Damit drücken Sie Schmutzpartikel und Ohrenschmalz tief in den Gehörgang. Es bildet sich dann häufig vor dem

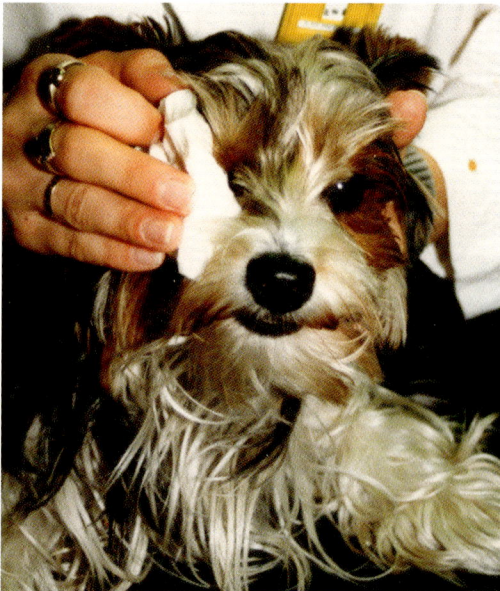

Heiße Augenkompressen dienen der Vorbeuge von Augenentzündungen.

Reinigen Sie nur das äußere Ohr und verwenden Sie niemals Ohrstäbchen zur Reinigung von Hundeohren.

Trommelfell ein fester Pfropf, der Ursache für chronische Ohrerkrankungen sein kann. Krümeliger oder schmieriger Ohrenschmalz, Kopfschütteln, Kratzen an den Ohren, Kopfschiefhaltung oder Schwellung der Ohrmuschel sowie übler Geruch aus den Ohren sind Krankheitszeichen. Da die Ursachen vielfältig sein können (nicht immer nur Milben!) sollten Sie einen Tierarzt aufsuchen.

Zahnkontrolle und Zahnpflege

Regelmäßige Zahnpflege und zweimal im Jahr eine Kontrolle durch einen Tierarzt sind erforderlich, um die Zähne bis ins hohe Alter des Hundes gesund zu erhalten. Ein ungepflegtes Gebiss ist häufige Ursache für Herz- und Nierenerkrankungen durch Streuung von Eiterbakterien in die Blutbahn. Vorbeugend gegen **Zahnstein** helfen weiche Kalbsknochen und eine Ernährung, durch die Zahnbelag abgeschliffen wird. Manche Hunderassen (z. B. Yorkshire und Kleinpudel) sind besonders anfällig für Zahnstein. Hier muss man manchmal zur Zahnbürste greifen, um die Beläge zu beseitigen. Es gibt speziell für Tiere hergestellte Zahncremes, die abgeschluckt werden können. Manche Pasten schmecken sogar nach Hühnchen oder Rindfleisch.

   Die Zähne erreichen erst ab dem 2. Lebensjahr ihre volle Stabilität und dürfen bis dahin beim Spielen (z. B. Ziehspiele!) oder Tragen schwerer Gegenstände (Apportieren) nicht übermäßig belastet werden. **Es besteht Bruchgefahr**, vor allem der Eckzähne. Das Spielen mit Steinen führt zur Abrasion (Abnutzung)

Zweimal im Jahr sollten die Zähne durch den Tierarzt kontrolliert werden. Zahnstein muss schnellstmöglich entfernt, erkrankte Zähne müssen versorgt werden. Ob dafür eine Narkose erforderlich ist, wird der Tierarzt im Einzelfall entscheiden.

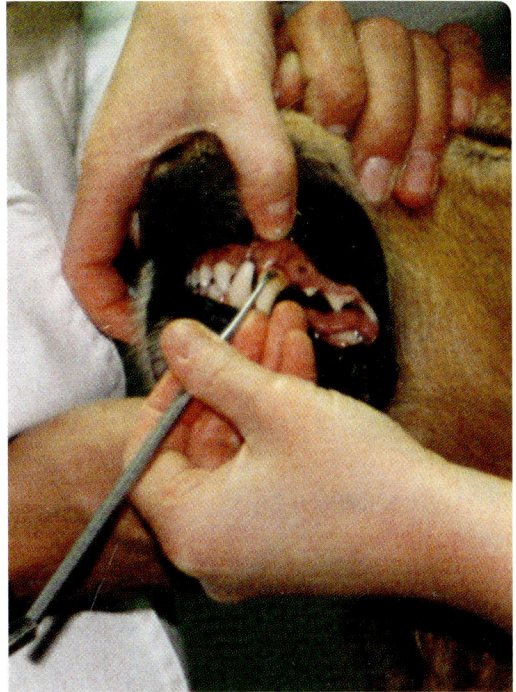

Auch Hunde müssen zweimal im Jahr zum Zahnarzt.

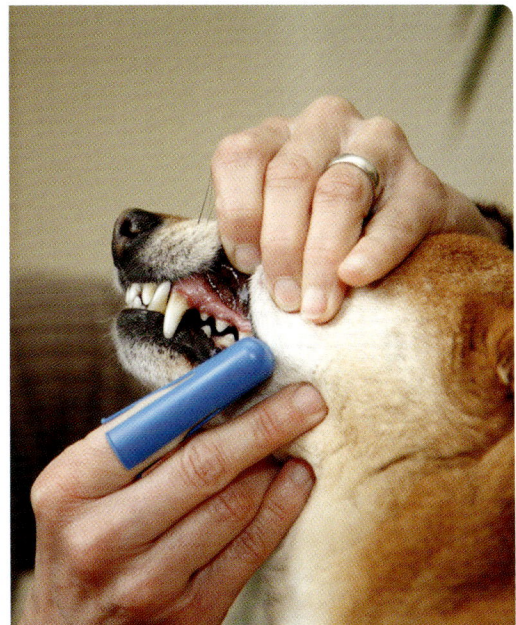

Regelmäßiges Zähneputzen beugt Zahnstein vor.

des gesamten Gebisses und sollte von Anfang an unterbunden werden. Ebenso zur massiven Abrasion der Zähne führt das Spielen mit Tennisbällen, die vorher auf sandigen Tennisplätzen verwendet wurden. Die kleinen Sandpartikel wirken wie Schleifpapier auf die Zähne (siehe auch Erkrankungen des Verdauungstraktes). Die Angewohnheit, auf Stöckchen zu beißen, ist auch nicht ungefährlich und sollte daher nicht gefördert werden. Oft beißen sich die Tiere **Splitter** in das Zahnfleisch ein. Solche Splitter führen nicht selten zu Abszessen, die chirurgisch behandelt werden müssen.

Hunden mit sehr dünnem Haarkleid sollten an sehr kalten Wintertagen durch Kälteschutzkleidung (Hundemäntel) geschützt werden. Die Vorfahren unserer Hunderassen (Wölfe und Wildhunde) waren durch ihr Fell optimal auf die Temperaturen im Sommer und Winter eingerichtet. Durch Züchtung haben wir Menschen jedoch Hunde geschaffen, bei denen die Temperaturanpassung des Fellkleides nicht mehr richtig funktioniert. Aus diesem Grunde ist es erforderlich, durch Scheren oder Wärmeschutzkleidung die durch Züchtung verloren gegangene Anpassung zu ersetzen.

Haut und Fell

Die Fellpflege beim Hund ist ganz einfach: **bürsten, bürsten, bürsten**. Über den ganzen Körper des Tieres sind Talgdrüsen verteilt, deren Sekret das Fell vor Schmutz und Nässe

In der kalten Jahreszeit benötigen Hunde mit kurzem Fell einen Wärmeschutz.

schützt, also richtiggehend imprägniert. Schmutzpartikel können dadurch nicht in die Tiefe des Fellkleides eindringen und werden durch Schütteln entfernt; Wasser perlt einfach ab. Das Bürsten fördert die Produktion und die Verteilung des Talgs. Bitte waschen Sie Ihren Hund niemals (außer bei Hauterkrankungen nach Anweisung des Tierarztes) mit Shampoo. Shampoo zerstört die natürliche Schutzschicht. Die Haut wird anfälliger für Hauterkrankungen; das Fell wird schmutzig. Es gibt auch hier wie immer Ausnahmen: Wenn sich der Hund zum Beispiel in Aas wälzt, was viele Hunde gerne tun, bleibt keine andere Wahl, als ihn mit Shampoo zu baden. Andernfalls kann man nicht mehr in einem Raum mit ihm leben – der Geruch ist unerträglich. Nach einer solchen **Ausnahme-Badeaktion** sollte dann das Fell noch häufiger gebürstet werden, um die beschriebene Talgproduktion anzuregen und damit den Schaden wieder gutzumachen. Sollte der Hund zum Beispiel bei Schneematsch im Winter völlig verschmutzt nach Hause kommen, genügt ein Abduschen mit klarem Wasser.

Einige Hunderassen müssen regelmäßig geschoren werden. Das kann man selbst tun oder in einem Hundesalon machen lassen. In den heißen Sommermonaten besteht bei dichtem, langem Haarkleid die Gefahr eines Hitzestaus. Auch Hunde mit Herzproblemen leiden im Sommer sehr unter der Hitze. Daher ist es sinnvoll, bei hohen Temperaturen übermäßiges Fell abzuscheren. Im Winter ist ein langes Fell zwar manchmal etwas unpraktisch, da feuchter Schmutz damit ins Haus getragen wird, einen Hund im Winter aus diesem oder aus optischen Gründen zu scheren, ist jedoch als Tierquälerei zu werten. Die Tiere frieren genau wie wir. Bandscheibenprobleme, Blasenerkrankungen und Infektionen der Atemwege werden durch Kälte ausgelöst und verstärkt.

Krankhafte Veränderungen der Haut können in vielen Erscheinungsformen auftreten. In der Tiermedizin gibt es allein etwa zwanzig Bezeichnungen, um die Art einer Veränderung zu charakterisieren und einzuordnen: Pustel, Quaddel, Kruste, Schuppe oder Geschwür, um nur einige zu nennen. Besonders Hauterkrankungen neigen dazu, chronisch zu werden. Aus diesem Grunde ist es wichtig, möglichst bald einen Tierarzt zu bitten, die Ursache der Veränderung festzustellen und das Tier zu behandeln. Überprüfen Sie daher beim Streicheln und Bürsten „**gegen den Strich**" täglich die Haut Ihres Hundes auf Veränderungen.

Krallen

Die Krallen eines Hundes mit ausreichender Bewegung müssen nicht geschnitten werden. Eine Ausnahme sind die Daumenkrallen an den Vorderläufen. Sie wachsen manchmal in die Ballen und sollten ab und zu kontrolliert werden. Die meisten Hunde knabbern sie sich jedoch selbst ab. Krallenschneiden kann bei älteren und behinderten Hunden aufgrund reduzierter Bewegung notwendig werden.

After- oder **Wolfskrallen** sind zusätzliche rudimentäre Krallen an den **Hinterläufen**. Entgegen landläufiger Meinung muss man sie **nicht entfernen**. Die angebliche Verletzungsgefahr durch Hängenbleiben mit den Wolfskral-

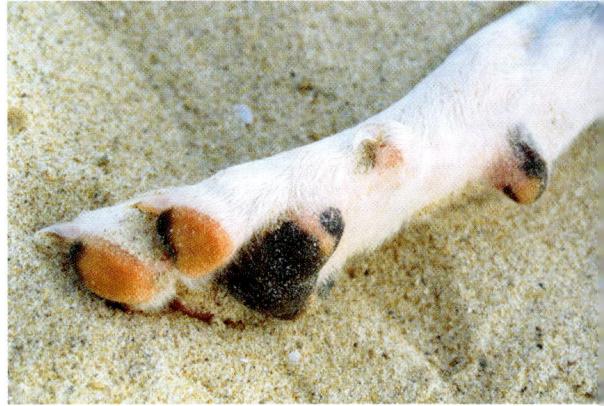

Die Daumenkrallen befinden sich seitlich an den Vorderläufen.

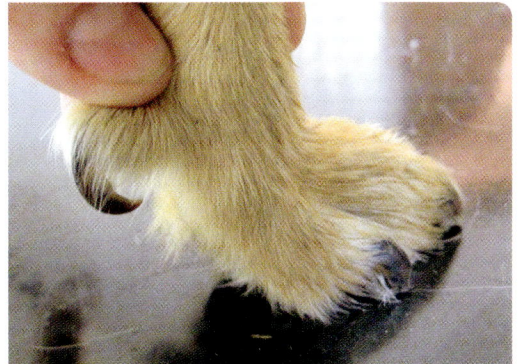

Wolfskrallen sitzen an den Hinterläufen. Sie dürfen nicht vorbeugend entfernt werden.

len ist verschwindend gering. **Das Tierschutzgesetz verbietet die vorbeugende Entfernung von Wolfkrallen!**

Nicht selten werden, vor allem bei kleinen Rassen (Yorkshire, Papillon, Kleinpudel) die Daumenkrallen an den Vorderläufen mit Wolfskrallen verwechselt und vom Züchter gleich nach der Geburt der Welpen entfernt. Das ist nicht nur ein Zeichen für hochgradige Inkompetenz und Unkenntnis der Anatomie des Hundes, sondern auch eine Verstümmelung, die mit dem Tierschutzgesetz nicht zu vereinbaren ist.

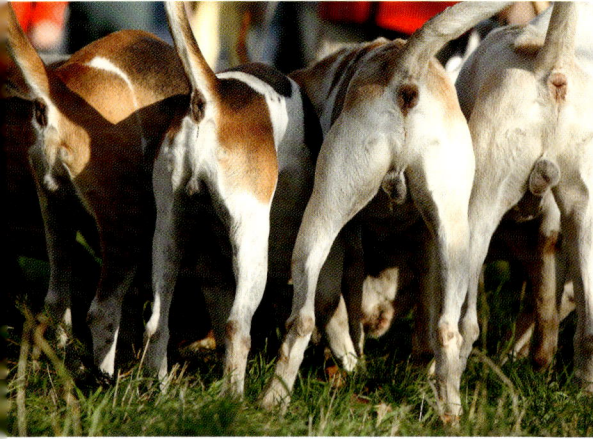

Erkrankungen der „Duftdrüsen" sind beim Hund relativ häufig.

Analbeutel („Duftdrüse")

Kurz vor dem After münden die Ausführungs-gänge der Analbeutel in das Endstück des Darms. Die Analbeutel enthalten ein für uns Menschen unangenehm riechendes Sekret, dessen Funktion noch nicht eindeutig geklärt ist. Man vermutet, dass es eine wichtige Auf-gabe bei der Kommunikation zwischen Artge-nossen zu erfüllen hat. Mit jedem Kotabsatz wird durch die Darmperistaltik (Darmbewe-gung) tropfenweise Sekret aus den Analbeu-teln herausgepresst und in die Außenwelt abgegeben. Erkrankungen der „Duftdrüsen" sind bei Hunden relativ häufig. Erste Symp-tome sind „Schlitten fahren" sowie Benagen der After- und Oberschenkelgegend.

Die routinemäßige Entleerung der Analbeutel ist nicht zu empfehlen. Es scheint, dass da-durch die Produktion von Sekret nur verstärkt und eine Überfüllung der Beutel sowie die Verstopfung der Ausführungsgänge sogar ge-fördert wird. Nur wenn der Hund „Schlitten fährt" (auf dem Hinterteil rutscht), sollte der natürlichen Entleerung nachgeholfen werden.

Äußere Geschlechtsorgane

Kontrollieren Sie beim weiblichen Tier, vor allem bei unkastrierten Hündinnen, regelmä-ßig die **Vulva** (weibliche Scham). Sie sollte, außer während der Läufigkeit, trocken, das heißt ohne Ausfluss und nicht geschwollen sein. Tasten Sie spielerisch mindestens alle 14 Tage das **Gesäuge** ab und bringen Sie Ihre Hündin beim Auffinden kleinster Knoten im Gesäuge zum Tierarzt. Es gibt Hunderassen, bei denen etwa 80 % aller unkastrierten Hün-dinnen (z. B. Pudel, Boxer, Dackel, Schäfer-hunde) an Gesäugekrebs erkranken.

Die **Hoden** eines Rüden liegen vor seiner Geburt noch in der Bauchhöhle. Normaler-weise steigen sie kurz nach der Geburt ab und sind dann in den kleinen Hodensäckchen deut-lich fühlbar. Kontrollieren Sie, ob die Hoden Ihres Hundes tastbar sind. Tiere, bei denen ein oder beide Hoden nicht abgestiegen sind, wer-den Kryptorchide genannt. Es handelt sich dabei um eine Entwicklungsstörung, deren Ursache nicht bekannt ist. Man vermutet eine erbliche Disposition (Veranlagung). Nicht abgestiegene Hoden sollten spätestens nach Abschluss der Geschlechtsreife chirurgisch ent-fernt werden, da sie zur Entartung neigen. Möglicherweise ist die höhere Temperatur in der Bauchhöhle die Ursache für das gesteigerte Risiko für Hodenkrebs bei nicht abgestiegenen Hoden.

Gewichtskontrolle

Eine **Gewichtszunahme** beim erwachsenen Hund ist normalerweise ein Anzeichen für Überernährung. Eine **Gewichtsabnahme** ist eventuell ein Symptom für versteckte Erkran-kungen. Beides erfordert eine Reaktion. Im ers-ten Fall hilft, die Futtermenge zu reduzieren, im zweiten eine tierärztliche Untersuchung, um der Ursache auf die Spur zu kommen.

Da Sie Ihren Hund täglich sehen, bemerken Sie eine schleichende Veränderung des

Gewichtszunahme ist meist auf Überernährung zurückzuführen. Durch regelmäßiges Wiegen kann man schleichende Gewichtsveränderungen erkennen.

Eine Entwurmung ohne vorherige Kotuntersuchung belastet oft unnötig den Organismus. Hunde, die Kleinsäuger erbeuten und fressen, sind oft verwurmt.

Gewichts meist erst sehr spät. Als objektive Kontrolle hat sich regelmäßiges Wiegen – etwa alle 14 Tage – bewährt. Nehmen Sie dazu Ihren Hund auf den Arm und stellen Sie sich zusammen mit ihm auf eine Personenwaage. Notieren Sie das Gesamtgewicht. Danach stellen Sie sich ohne Hund auf die Waage und ziehen nun Ihr Gewicht vom Gesamtgewicht ab. Veränderungen des Körpergewichts von 2 kg und mehr nach oben oder unten innerhalb des Kontrollzeitraums von 14 Tagen sind bedenklich.

Bei sehr großen und schweren Hunden ist es kaum möglich zu wiegen. Hier kann man sich mit einem Maßband behelfen. Messen Sie den Taillenumfang des Hundes alle 14 Tage und notieren Sie sich den Messwert. Wird er größer, hat der Hund zugenommen; wird er kleiner, hat das Tier an Gewicht verloren.

Entwurmung und Kotuntersuchung

Fast alle Hundewelpen sind verwurmt, da Wurmlarven über die Muttermilch von der Hündin auf die Welpen übertragen werden. Aus diesem Grund müssen junge Hunde nach Absetzen von der Mutter konsequent gegen Spul- und Hakenwürmer behandelt werden. Dabei muss

man das Entwurmungsschema auf dem Beipackzettel des Wurmpräparates bzw. die Anweisungen des Tierarztes genau beachten, um den Wurmbefall vollständig zu beseitigen.

Erwachsene Tiere sollten nur dann entwurmt werden, wenn wirklich Würmer vorhanden sind. Wie in der ganzen Medizin und Tiermedizin gilt auch hier: **Vor jeder Therapie steht die Diagnose** und unnötige Entwurmungen belasten den Organismus. Zur Kontrolle reicht eine regelmäßig durchgeführte mikroskopische Kotuntersuchung durch den Tierarzt. Bringen Sie am besten einmal im Jahr zum Impftermin den Sammelkot von drei Tagen zur Untersuchung mit in die Praxis.

Kastration

Die Kastration der Hündin ist aus medizinischer Sicht sinnvoll und sehr zu empfehlen, da unkastrierte weibliche Hunde zu einem hohen Prozentsatz an Gesäugekrebs und Gebärmuttervereiterungen erkranken. Rüden sollten nur dann kastriert werden, wenn medizinische Probleme (z. B. krankhafte Veränderungen der Prostata, Perianalfisteln oder Hodentumoren) dies erfordern. Kastrierte Rüden verändern sich im Wesen und riechen durch den Wegfall des Testosterons (Hormon aus den Hoden) für Artgenossen wie ein Weibchen. In vielen Fällen führt gerade dies zu Problemen und aggressiven Auseinandersetzungen zwischen Hunden.

Kupieren

Sie wissen sicher, dass das Kupieren von Ohren und Rute (Schwanz) eines Hundes in Deutschland verboten ist. Inzwischen hat man sich an das veränderte Erscheinungsbild der ursprünglich kupierten Hunderassen gewöhnt und kann nicht mehr verstehen, dass vor noch gar nicht langer Zeit solche sinnlosen Verstümmelungen gutgeheißen wurden.

Schutzimpfungen

Die regelmäßige Schutzimpfung ist die beste Vorbeugung gegen die gefährlichen Infektionskrankheiten Staupe, Hepatitis, Leptospirose, Parvovirose und Tollwut. Hundebabys **geimpfter** Mütter nehmen die Antikörper gegen diese meist (oder immer bei Tollwut) tödlich verlaufenden Erkrankungen mit der Muttermilch auf und sind dadurch bis zur 8. Lebenswoche immun. Dieser sogenannte **Nestschutz** würde durch eine zu frühe Impfung, also vor der 8. Lebenswoche, zerstört. Mit 8 Wochen allerdings sollte mit der Grundimmunisierung begonnen werden. Die **Grundimmunisierung** besteht aus mindestens zwei Impfungen. Die erste Impfung erfolgt ab der 8. Lebenswoche, die zweite 3 bis 4 Wochen danach. Manche Impfstoffhersteller empfehlen drei Impfungen zur Grundimmunisierung im Abstand von je 3 bis 4 Wochen. Der Impfschutz hält je nach Impfstoffart unschiedlich lange und muss

> Trächtige Hündinnen dürfen nicht geimpft werden, da der Impfstoff die Früchte schädigen kann.

Wenn ein Hund ins Ausland verreisen möchte, benötigt er einen Europapass.

durch **eine** Wiederholungsimpfung regelmäßig aufgefrischt werden. Ihr Tierarzt wird Sie beraten.

Blutuntersuchung

Viele Erkrankungen werden erst in einem fortgeschrittenen Stadium bemerkt. Ab dem 6. Lebensjahr sollte daher bei Ihrem Hund **einmal jährlich** eine Blutuntersuchung durchgeführt werden, um die Funktion der Organe zu kontrollieren. Die meisten Hunde lassen sich die Blutentnahme ohne Gegenwehr gefallen. Ein Großteil der Organerkrankungen ist durch Medikamente gut zu beeinflussen, wenn sie nur frühzeitig erkannt werden.

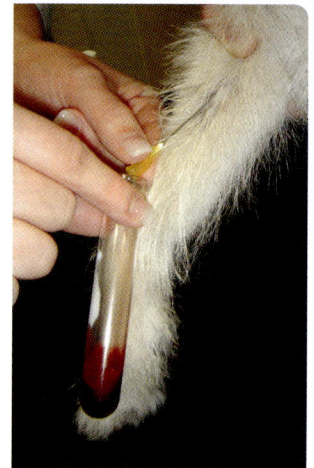

Die Blutabnahme ist ein harmloser Eingriff, den sich die meisten Hunde ohne Gegenwehr gefallen lassen.

Herzkontrolle

Herzerkrankungen werden bei Hunden immer häufiger diagnostiziert. Wie groß die Chance ist, auch als herzkranker Hund ein langes und beschwerdefreies Leben zu führen, hängt entscheidend davon ab, wie früh die Fehlfunktion dieses lebenswichtigen Organs festgestellt und durch Medikamente beeinflusst werden kann. Zur Kontrolle der Herzfunktion dient die Auskultation (Abhören) des Herzens mit dem Stethoskop, am besten einmal im Jahr beim Impftermin. Bei verdächtigem Befund wird der Tierarzt mit Hilfe weiterer Untersuchungen (EKG, Röntgen, Herzultraschall) die Diagnose sichern und das Tier auf die geeigneten Medikamente einstellen.

Das Abhören des Herzens mit dem Stethoskop ist Grundlage jeder Allgemeinuntersuchung.

Ernährung

Der vom Wolf abstammende Hund ernährte sich ursprünglich von Beutetieren. Diese Beutetiere lieferten ihm nicht nur Muskelfleisch, sondern auch Innereien, Knochen (und damit Mineralien), Körperfett, Blut (und damit Salze) sowie Ballaststoffe in Form von Fell und häufig auch pflanzlichen Mageninhalt.

Die ideale Hunderation sollte in ihrer Zusammensetzung der natürlichen Nahrung, das heißt dem des Beutetieres weitgehend entsprechen. Nicht wenige Krankheiten sind ernährungsbedingt oder werden durch falsche Ernährung ausgelöst. Bieten Sie daher Ihrem Hund von Anfang an eine abwechslungsreiche und hochwertige Ernährung. Einseitige Futterzusammenstellungen und mindere Futterqualität sind Sparsamkeit am falschen Ende, die Sie im Laufe eines Hundelebens nicht selten durch hohe Tierarztrechnungen teuer bezahlen müssen, ganz zu schweigen von den Leiden des kranken Tieres. Als Grundsatz gilt: **Vielseitig und abwechslungsreich füttern**.

Industriell vorgefertigtes **Dosenfutter** entspricht in seiner Zusammensetzung sicherlich den Bedürfnissen des Hundes. Es ist jedoch denaturierte, sterilisierte Nahrung, künstlich mit Vitaminen angereichert. Durch die weiche Konsistenz des Dosenfutters werden die Hundezähne nicht abgerieben und es entsteht in kurzer Zeit der gefürchtete Zahnstein. Es ist für die meisten Menschen undenkbar, sich ausschließlich von Konserven zu ernähren. Wir sollten es unseren vierbeinigen Freunden ebenfalls nicht zumuten.

Trockenfutter als Hauptnahrung ist vom gesundheitlichen Standpunkt ebenfalls nicht unproblematisch. Hunde, die nur mit Trockenfutter ernährt werden, neigen zu unkontrollierter Nahrungsaufnahme. Sie sind den immer gleichen Geschmack ihres Futters bald leid und fressen alles andere, was ihnen „unter die Schnauze" gerät, gierig in sich hinein. Darmerkrankungen durch verdorbene Futterreste auf der Straße bis hin zu Vergiftungen durch ausgelegte Rattengiftköder sind bei „Trockenfutterhunden" weitaus häufiger zu sehen als bei Hunden, die abwechslungsreich gefüttert werden. Da in Trockenfutter verderbliche Lebensmittel verarbeitet werden, muss es so verändert und konserviert werden, dass es in den nicht gekühlten Regalen der Tiergeschäfte und Supermärkte nicht verdirbt. Auch wenn häufig

mit dem Begriff „konservierungsmittelfrei"
geworben wird, so müssen doch chemische
Veränderungen zum Haltbarmachen vorge-
nommen werden. Ähnlich wie beim Dosenfutter stellt sich die Frage, ob wir eine solche
naturferne Dauererernährung unseren Hunden
zumuten sollten.

Futterrationen, zubereitet aus frischen,
möglichst naturbelassenen Produkten, schmecken besser und sind sicherlich gesünder. In
den letzten Jahren finden sich unter Hundebe-
sitzern immer mehr Anhänger für das „**Barfen**".
Es handelt sich dabei um eine Ernährung, die
dem Speisezettel der Wildhunde und Wölfe
nachempfunden wird, das heißt Fleisch, Pflan-
zenteile und Früchte werden im Rohzustand
verfüttert – allerdings ist das barfen nicht einfach und es muss Vieles beachtet werden,
damit der Hund gesund bleibt. Der Begriff
„Barfen" kommt von B.A.R.F. – eine Abkürzung
für „Bone and Raw food", was im Deutschen
auch gerne als „Biologisch Artgerechte Rohfüt-
terung" bezeichnet wird.

Der Tierarztbesuch

Niemand geht gerne zum Arzt, auch ein Hund
nicht. Dennoch ist es falsch verstandene Tier-
liebe, aus Rücksicht auf einen besonders ängst-
lichen Hund den notwendigen Tierarztbesuch
hinauszuzögern. Wertvolle Zeit bis zum Beginn
einer möglicherweise notwendigen Behandlung verstreicht; Zeit, die unter Umständen
über Erfolg oder Nichterfolg einer Therapie
entscheiden kann.

Es gibt eine, in den meisten Fällen erfolgreiche Methode überängstlichen Vierbeinern
einen Tierarztbesuch im wörtlichen Sinne
„schmackhaft" zu machen: Gehen Sie mit dem
gesunden Hund immer mal wieder zu Ihrem
Tierarzt und bitten ihn, bei diesen „Desensibili-
sierungsbesuchen" das Tier nur zu streicheln,
für seine „Tapferkeit" zu loben und mit einem
„Leckerli" zu belohnen. Mit jedem Besuch wird
der Hund weniger ängstlich werden, bis er

Ängstliche Hunde brauchen einen starken „Rudel-
führer".

zuletzt sogar erwartungsvoll und freudig die
Praxis betritt. Wenn das Tier dann wirklich
einmal krank wird, ist es für den Tierarzt sehr
viel einfacher zu untersuchen und zu behandeln. Die Untersuchung kann gründlicher, die
Behandlung effektiver durchgeführt werden,
wenn der Hund kooperiert und nicht wild um
sich beißt.

Auch das **Verhalten des Hundebesitzers** ist
sehr wichtig beim Besuch einer Tierarztpraxis.
Wenn Sie Ihren Hund bemitleiden, hat er das
Gefühl, dass etwas sehr Gefährliches passieren
wird, wovor sogar sein Besitzer Angst hat.
Ängstliche Tiere brauchen starke „Rudelfüh-
rer", sonst fühlen sie sich verloren. Zeigen Sie
Ihrem Hund, dass **Sie** keine Angst haben.
Loben Sie das Tier für sein mutiges Verhalten
und gehen sie entschlossen und ohne zu
zögern mit Ihrem Vierbeiner vom Wartezimmer in den Behandlungsraum. Zeigen Sie dem
Hund deutlich, dass Sie Mut bewundern. Um
ihrem geliebten zweibeinigen Gefährten zu

gefallen, machen Hunde fast alles – sogar zum Tierarzt gehen.

Bestehen Sie bitte nicht auf einen Hausbesuch, wenn Ihr Tierarzt es nicht für richtig hält. Meist sind schon die Lichtverhältnisse in einer Privatwohnung für eine gründliche Untersuchung nicht ausreichend. Der Hund ist in **seinem** Revier und meist weniger kooperativ. Viele Diagnosetechniken (z. B. Röntgen, Ultraschall) können nur in einer tierärztlichen Praxis durchgeführt werden. Wenn beim Hausbesuch eine ernste Erkrankung festgestellt wird, muss das Tier sowieso zu einer eingehenden Untersuchung in die Praxis. Machen Sie daher am besten gleich „Nägel mit Köpfen" und bringen Sie den Patienten in die Praxis, damit keine Zeit bis zum Beginn der Therapie verloren geht.

In der Tierarztpraxis

Vermeiden Sie jeden Kontakt (z. B. Streicheln) mit anderen Tieren im Wartezimmer der Tierarztpraxis. Lassen Sie Ihren Hund nicht im Wartezimmer herumlaufen, andere Tiere beschnüffeln oder mit Artgenossen spielen. Vierbeiner, die zum Tierarzt kommen, sind in der Regel krank. **Es kann Ansteckungsgefahr bestehen!** Kleinere Tiere (z. B. Kaninchen, Katzen oder Vögel) können sich vor einem Hund „zu Tode" erschrecken. Halten Sie daher bitte Abstand. Wenn das Wartezimmer überfüllt ist, empfiehlt es sich manchmal, nach der Anmeldung noch so lange spazieren zu gehen, bis die Reihe an Ihnen ist.

Aber nicht nur der Hund, sondern auch die Besitzer befinden sich nicht selten in einem Ausnahmezustand. Sorge und Mitleid mit dem kranken Tier lassen sie oft die wichtigsten Informationen vergessen. Für den Tierarzt ist jedoch ein exakter Vorbericht sehr hilfreich. Machen Sie sich daher zu Hause Notizen und nehmen Sie diese schriftlichen Aufzeichnungen mit in die Praxis. Wichtige Details, die für eine Diagnose und erfolgreiche Therapie von Bedeutung sind, gehen damit nicht verloren.

Vermeiden Sie Kontakte mit anderen Tieren im Wartezimmer. Es besteht Ansteckungsgefahr.

Krankheiten erkennen und behandeln

Was tun, wenn der Vierbeiner erkrankt?
Eine Übersicht über die wichtigsten Hundekrankheiten,
deren Symptome, Behandlung und Vorbeugung.
Mit Extras zur Naturheilkunde.

Infektionskrankheiten

Staupe

Leitsymptome

→ Fieber

→ Husten, Nasenausfluss

→ Durchfall

→ zentralnervöse Störungen

→ Zahnschmelzdefekte, verhornte Pfotenballen

Allgemeines: Die Staupe ist eine **Viruserkrankung**. Sie ist hoch ansteckend für unsere Haushunde, aber auch für Wildhunde (z. B. Dingos), für Kleinbären, Frettchen, Wiesel, Dachse, Marder, Nerze, Otter und Robben. Der Erreger ist ein Morbillivirus aus der Familie der Paramyxoviren. Dieses Virus ist hitzeinstabil, Sonnenbestrahlung zerstört es innerhalb weniger Stunden. Im Haus bei Zimmertemperatur bleibt das Virus einige Tage infektionsfähig. Der Erreger ist nicht auf den Menschen übertragbar. Das Virus wird mit allen Sekreten (Tränenflüssigkeit, Speichel) und Exkreten (Urin und Kot) ausgeschieden. Aufgenommen wird es über den Atem- und Verdauungstrakt, zum Beispiel beim Schnüffeln an Ausscheidungen infizierter Tiere, oder durch direkten Körperkontakt mit Staupekranken. Für Jagdhunde besteht ein erhöhtes Risiko, sich durch erkrankte Wildtiere wie zum Beispiel Marder oder Wiesel anzustecken.

Symptome: Die Zeit von der Ansteckung bis zum Ausbruch der Erkrankung (Inkubationszeit) dauert zwischen 3 und 7 Tagen. Erste unspezifische Krankheitszeichen sind hohes Fieber (über 40 °C), Appetitmangel und Apathie. Im weiteren Verlauf kann man die Staupe in vier klassische Formen einteilen, die jedoch heute fast nie mehr isoliert auftreten, sondern sich meist vermischen:

1. Staupe der Atemwege

Es entstehen Katarrhe mit eitrigem Augen- und Nasenausfluss, Mandelentzündung, Entzündungen des Rachens, der Luftröhre, der Bronchien und Lunge. Der anfangs trockene Husten wird später feucht und rasselnd, es bestehen oft schwere Atembeschwerden.

Die Staupe ist hoch ansteckend und kann von Hund zu Hund übertragen werden.

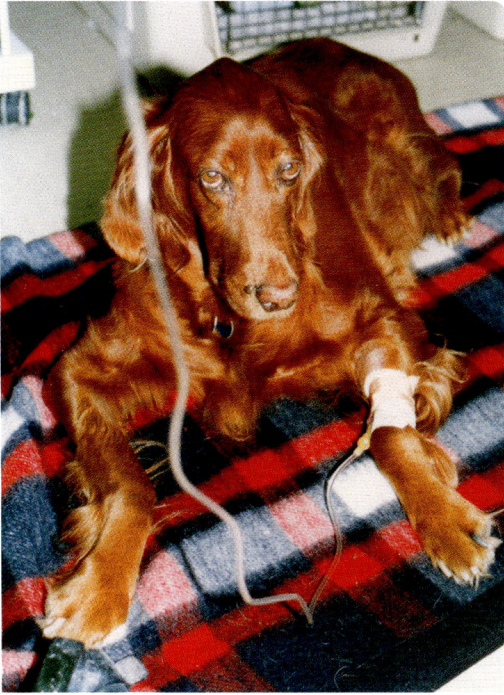

Durch Infusionen wird der Kreislauf des kranken Hundes unterstützt und Flüssigkeitsverluste werden ausgeglichen.

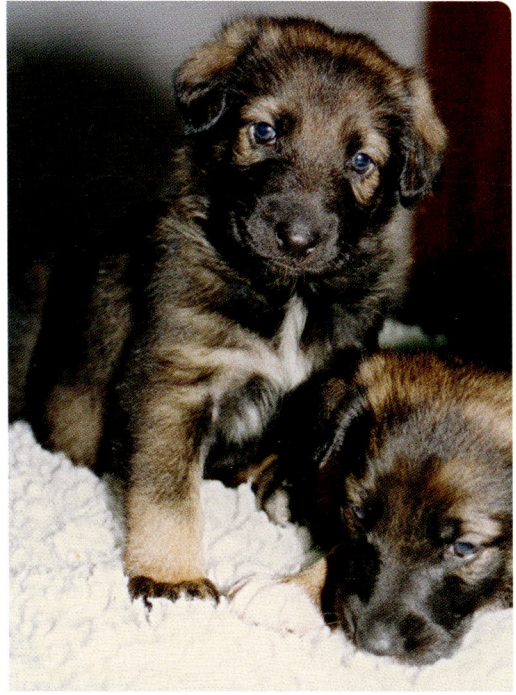

Hundekinder können ab der 8. Lebenswoche gegen Staupe geimpft werden.

Da häufig die Nasenlöcher verklebt sind, atmen die Hunde durch das Maul. Dies ist an den sich im Atemrhythmus hebenden Lefzen zu erkennen („Backenblasen"). Auch die Augen sind häufig betroffen. Es treten Bindehautentzündungen und Geschwüre an der Augenhornhaut auf.

2. Staupe des Verdauungstraktes

Im Vordergrund dieser Verlaufsform stehen schwere Durchfälle und Erbrechen. Die Tiere verlieren sehr viel Flüssigkeit und Elektrolyte, was Auswirkungen auf das Kreislaufsystem hat. Ältere Tiere sterben wegen des großen Flüssigkeitsverlustes durch Erbrechen und Durchfall nicht selten an Herz-Kreislaufversagen. Aufgrund der starken Durchfälle und der Unfähigkeit Nahrung bei sich zu behalten, magern die Tiere stark ab.

3. Staupe des Nervensystems

Die nervöse Staupe ist die bösartigste Verlaufsform. Sie ist gekennzeichnet durch Schwäche der Gliedmaßen, Lähmungen, epileptische Krämpfe, Manegebewegungen (Bewegungsstereotypie), Einschränkung der Sinne (Erblinden, Taubheit). Häufig sieht man Kaukrämpfe mit starker Speichelbildung, was viele Menschen an Tollwut erinnert. Überlebt der Hund die nervöse Form der Staupe, bleiben oft als Spätfolgen Epilepsie sowie Ticks wie zum Beispiel Kopfzucken oder Schmatzen zurück. Die Intelligenz des Tieres kann aufgrund der Nervenschädigungen im Gehirn dauerhaft herabgesetzt sein.

4. Staupe der Haut und Zähne

Diese Form der Staupe zeigt sich in der Regel als pustel- oder bläschenförmiger Ausschlag

Naturheilkunde

Mit Präparaten und Anwendungen aus der Naturheilkunde alleine kann eine Staupe nicht geheilt werden. Wer das versucht, handelt fahrlässig und setzt das Leben des Hundes aufs Spiel. Die Naturheilkunde leistet jedoch unschätzbare Dienste bei der Unterstützung der Abwehrkräfte gegen die oft tödlich verlaufende Viruserkrankung.

Der in der Heidelbeere vorkommende blaue Farbstoff (Myrtillin) wird in der Naturheilkunde als antibakterielles Mittel bei Durchfallerkrankungen verwendet. Mit dem Eindringen des Farbstoffes in die Bakterien wird deren Wachstum und Vitalität gehemmt. **Heidelbeerabsud**, zubereitet aus getrockneten Heidelbeerfrüchten eignet sich daher hervorragend, bakterielle Zusatzinfektionen im virusgeschädigten Darm des Hundes zu unterbinden. Die in der Heidelbeere enthaltene Gerbsäure wirkt beruhigend auf die Darmschleimhaut und verringert die übersteigerte Sekretion von Flüssigkeit. Die getrockneten Früchte – Sie erhalten sie im Reformhaus oder in der Apotheke – werden etwa 10 Minuten gekocht. Es entsteht ein starker Heidelbeerabsud, der abgekühlt dem Patienten mit einer Einmalspritze eingegeben wird. Über den Tag verteilt erhält der kranke Hund eine Spritze à 1–2 ml pro kg Körpergewicht. Sobald der Hund erstmals

feste Nahrung (Reis mit Hüttenkäse oder Babynahrung) zu sich nehmen kann, wird die Heidelbeerabkochung unter das Futter gemischt.

Bei der Staupe des Atemtraktes hilft ein **Holunderblütenaufguss** die Beschwerden des Hundes zu lindern. Die Holunderblüte wirkt schleimlösend und entzündungshemmend im Bereich der Atemwege. Die getrockneten Holunderblüten (*Sambucus nigra*) – auch sie erhalten Sie in Reformhäusern oder Apotheken – werden mit heißem Wasser übergossen, 10 Minuten ziehen gelassen und danach abgeseiht. Der Aufguss wird abgekühlt und über den Tag verteilt dem Patienten direkt in die Maulhöhle eingegeben oder unter das Futter gemischt (5 ml pro kg Körpergewicht).

Bei der Gehirnstaupe kann die **Passionsblume** (*Passiflora incarnata*) die Wirkung krampfhemmender Mittel aus der Schulmedizin unterstützen. Lassen Sie sich von Ihrem Apotheker eine Tinktur aus Passionsblume zubereiten und geben Sie dem Patienten davon dreimal täglich 5 Tropfen pro 10 kg Körpergewicht in Wasser verdünnt direkt in die Maulhöhle ein. Die Passionsblume wirkt beruhigend auf das zentrale Nervensystem und kann somit die Intensität und Länge epileptischer Anfälle verringern.

meist am Bauch und/oder hochgradiger Rötung der Ohrinnenfläche. Seltener treten massive Verhornungen der Sohlenballen und des Nasenspiegels auf. Diese sogenannte **Hartballenkrankheit** verläuft meist zusammen mit nervösen Krankheitszeichen.

Tritt die Staupe in den ersten Lebensmonaten zu der Zeit auf, in der sich die Zähne entwickeln, so entsteht das typische **Staupegebiss**. Dabei handelt es sich um massive Schmelzdefekte der gesamten Zähne.

Therapie: Da es sich um eine Viruserkrankung handelt, gibt es keine spezifische Behandlung

gegen den Erreger selbst. Immunseren, das heißt Antikörper gegen das Staupevirus, werden zwar eingesetzt, ihre Wirkung ist – zumindest im fortgeschrittenen Stadium der Krankheit – umstritten.

Die Therapie des Tierarztes richtet sich nach den Symptomen und der Verlaufsform. Um einen Kreislaufzusammenbruch (Schock) zu verhindern, müssen Flüssigkeitsverluste, die durch Erbrechen und Durchfall entstehen, mit Infusionen ausgeglichen werden. Da krankmachende **Bakterien** gerne einen durch Viren geschwächten Organismus befallen, ist der Einsatz von Antibiotika absolut notwendig. Antibiotika sind Medikamente, die Bakterien abtöten oder an ihrer Vermehrung hindern. Eine bakterielle Zusatzinfektion ist die häufigste Todesursache bei der Staupe. Entkrampfende und schmerzstillende Präparate werden zur Linderung der Beschwerden des Patienten verabreicht. Gegen Krämpfe, die nicht selten bei der Hirnstaupe auftreten, helfen Medikamente, die auch bei Epilepsie eingesetzt werden.

Zusätzlich zur Symptombehandlung wird der Tierarzt versuchen, die körpereigenen Abwehrkräfte des Patienten zu mobilisieren.

Um überleben zu können, braucht der Hund **intensive Betreuung** rund um die Uhr. Sind Sie berufstätig, sollten Sie Urlaub nehmen. Ist das nicht möglich, muss der Patient in eine Tierklinik. Sofern die erforderliche tierärztliche Behandlung in ausreichendem Maß gewährleistet ist, ist die häusliche Pflege der stationären Behandlung in der Tierklinik vorzuziehen. Je nach Stadium und Schwere der Verlaufsform kann das viel Zeit und Kraft in Anspruch nehmen. Oft ist das geschwächte Tier nicht mehr in der Lage, seine Ausscheidungen zu kontrollieren. Legen Sie daher den Patienten in einen warmen Raum, dessen Fußboden gut zu reinigen ist. Teppichböden sollten abgedeckt werden. Verwenden Sie dazu am besten Einmalunterlagen. Sobald sie mit Kot oder Urin verschmutzt sind, müssen sie ausgewechselt und der Hund gesäubert werden. Eine liebevolle Betreuung ist lebensrettend und für jeden Tierfreund sicher selbstverständlich.

Bei der **Staupe der Atemwege** sind häufig die Nasenlöcher und die Augen mit Sekreten verklebt. Reinigen Sie die Nasenlöcher mehrmals täglich mit einem weichen, feuchten Tuch oder feuchter Watte, um Verstopfung der Nase und damit Atemnot zu verhindern sowie Entzündungen des Nasenspiegels vorzubeugen. Die häufig bei der Atemwegsstaupe auftretende Augenentzündung mit starker Sekret-

bildung kann man mit einer Augenkompresse, zwei- bis dreimal täglich angewandt, bekämpfen. Dazu wird ein in sehr heißem Wasser getränkter und danach gut ausgedrückter Wattebausch etwa eine halbe Minute nacheinander auf beide Augen gelegt. Nach der Augenkompresse geben Sie eine vom Tierarzt dafür verordnete Salbe in die entzündeten Augen. **Hohes Fieber** (über 40 °C) kann mit Hilfe von „Wadenwickeln", das heißt kühlen, feuchten Umschlägen um die Gliedmaßen und Ohren, gesenkt werden.

Bei der **Staupe des Verdauungstraktes** ist es erforderlich, eine längere Zeit Diätnahrung zur Schonung des Darms zu füttern. Als klassische Darmdiät wird Reis mit Hüttenkäse und gekochtem Möhrengemüse empfohlen. Gerade kranke Hunde, die sowieso keinen Appetit haben, lehnen solche Nahrung meist jedoch ab. Dagegen wird Babynahrung in Gläsern (z. B. Rindfleisch-, Puten- oder Hühnchenzubereitung) gerne angenommen. Viele Hunde lieben auch Kartoffeln. In gekochter Form, schmackhaft gemacht mit püriertem weißem Hühnerfleisch, sind sie auch für darmkranke Tiere überaus verträglich. Häufig hat der Tierarzt auch leichtverdauliche Magen-Darm-Diäten in Dosen vorrätig. Füttern Sie mehrere kleine Mahlzeiten, um den Verdauungstrakt nicht zu überlasten.

Vorbeugung: Vorbeugen ist besser als Heilen. Gegen Staupe sollte daher **jeder** Hund geimpft sein. Die Grundimmunisierung besteht aus zwei Impfungen im Abstand von 3 bis 4 Wochen. Hundekinder können ab der 8. Lebenswoche erstmals geimpft werden. Nach der Grundimmunisierung muss die Schutzimpfung **jährlich** aufgefrischt werden. **Gefahr für den Menschen:** keine.

Hepatitis contagiosa canis (H.c.c.)

Leitsymptome

→ Fieber (über 40 °C)
→ Oberbauchschmerzen
→ Mandelentzündung, rote Maulschleimhaut
→ blue eye (Milchglasauge)
→ blau-rote Hautflecken

Allgemeines: Die Hepatitis contagiosa canis ist die ansteckende Leberentzündung des Hundes und wird durch ein in der Außenwelt sehr stabiles **Virus** aus der Familie der Adenoviren verursacht. Der Erreger wird mit allen Sekreten (z. B. Tränenflüssigkeit und Speichel) und Exkreten (z. B. Urin und Kot) ausgeschieden.

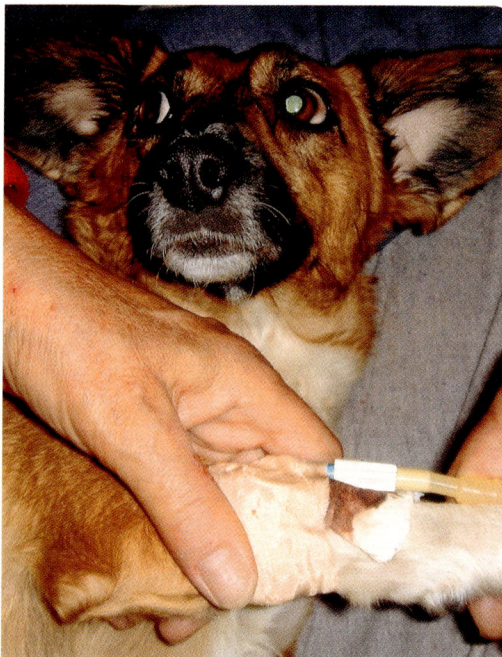

Die Hepatitis contagiosa canis (H.c.c.) verursacht u. a. starke Bauchschmerzen.

Hunde infizieren sich durch direkten Kontakt mit einem erkrankten Artgenossen oder indirekt durch Schnüffeln an Ausscheidungen und durch kontaminierte Gegenstände (Futternäpfe, Decken, Transportboxen).

Symptome: Man unterscheidet drei Verlaufsformen. Die **perakute Verlaufsform** tritt vorwiegend bei Welpen in den ersten Lebenswochen auf. Die Tiere sterben plötzlich ohne vorangegangene Krankheitszeichen. Die **akute Verlaufsform** findet man vor allem bei erwachsenen und älteren Tieren. Die Inkubationszeit, das heißt der Zeitraum zwischen der Infektion und dem Ausbruch der Erkrankung, dauert hier 2 bis 5 Tage. Als erste Krankheitszeichen fallen Appetitlosigkeit und Teilnahmslosigkeit auf. Es besteht hohes Fieber (über 40 °C), das nach 1 bis 2 Tagen absinkt, um dann einige Tage später erneut anzusteigen. Die erkrankten Hunde leiden unter starken Bauchschmerzen, ganz besonders im Oberbauch im Bereich der Leber. Die Maulschleimhaut ist hochrot und die Mandeln sind geschwollen. Neben einer Bindehautentzündung findet man häufig Blutungen in die Augenkammern, was zu Dauerschäden der Augen führen kann. Das sogenannte **blue eye** (Milchglasauge), eine Trübung des Auges, ist eine allergische Reaktion auf den Krankheitserreger, die nach Genesung spontan wieder abheilen kann. Auch Blutungen unter der Haut, die sich als blau-rote Flecken bemerkbar machen, werden gesehen. Die akute Verlaufsform dauert in der Regel 1 Woche. Welpen, die akut erkranken, sterben fast zu 100 %, während ältere Tiere bei fachgerechter tierärztlicher Behandlung eine gute Überlebenschance (bis zu 90 %) haben. Nach Beendigung der akuten Krankheitsphase bleibt häufig eine Leberschädigung zurück, die noch eine längere Zeit der Nachbehandlung erforderlich macht.

Inapparente Verlaufsform: Bei dieser Verlaufsform gibt es keine Krankheitszeichen. Auch die Leberfunktion ist in der Regel nicht beeinträchtigt. Die Tiere scheiden jedoch über einen längeren Zeitraum die Krankheitserreger aus. Damit sind sie eine ständige Ansteckungsgefahr für ungeimpfte Hunde.

Therapie: Der Tierarzt verabreicht Medikamente gegen die starken Bauchschmerzen, stützt den Kreislauf durch Infusionen und verhindert durch die Gabe von Antibiotika eine Zusatzinfektion mit Bakterien. Wie bei allen Infektionskrankheiten empfiehlt es sich, die Selbstheilungskräfte des Körpers durch Unterstützung des Immunsystems mit Paramunitätsinducern (Präprate zur Steigerung der unspezifischen Abwehr) und Vitamingaben zu unterstützen. Leberschutzpräparate werden zunächst injiziert und später über einen längeren Zeitraum in Tablettenform verabreicht.

Das kranke Tier braucht viel **Ruhe** und sollte sich körperlich nicht anstrengen. Längere Spaziergänge sind während der akuten Erkrankung und mindestens 4 bis 6 Wochen nach der Heilung nicht erlaubt.

Vorbeugung: Es gibt eine Impfung gegen die gefährliche Hepatitis des Hundes. Die Grundimmunisierung besteht aus zwei Impfungen im Abstand von 3 bis 4 Wochen. Welpen können ab der 8. Lebenswoche erstmals geimpft werden. Damit der Hund zuverlässig geschützt ist, muss die Impfung **jährlich** aufgefrischt werden.

Gefahr für den Menschen: keine.

Naturheilkunde

Die **Mariendistel** (*Silybum marianum*) fördert die Regeneration der Leber und wird auch beim Hund mit Erfolg eingesetzt. Man kann sie als Tee (1 Esslöffel Mariendistel pro 10 kg Körpergewicht mit 1 Tasse heißem Wasser übergossen, 10 Minuten ziehen lassen, abseihen) abgekühlt unter das Futter mischen oder als Fertigpräparat in Tablettenform (beim Tierarzt oder in Apotheken erhältlich) verabreichen.

Zwingerhusten

Leitsymptome

→ anfangs trockener, quälender Husten
→ später rasselnde Atemgeräusche

Allgemeines: Der Zwingerhusten, auch infektiöse Tracheobronchitis genannt, ist eine ansteckende Erkrankung der Luftwege des Hundes. Ähnlich wie bei Erkältungskrankheiten des Menschen wird der Zwingerhusten nicht von einem, sondern häufig von **mehreren unterschiedlichen Erregern** verursacht. Oft handelt es sich um verschiedene Viren, Bakterien und Mykoplasmen (Zwischenformen zwischen Viren und Bakterien). Die Ansteckung erfolgt von Hund zu Hund über Tröpfcheninfektion. Die Erreger werden durch Husten weit ver-

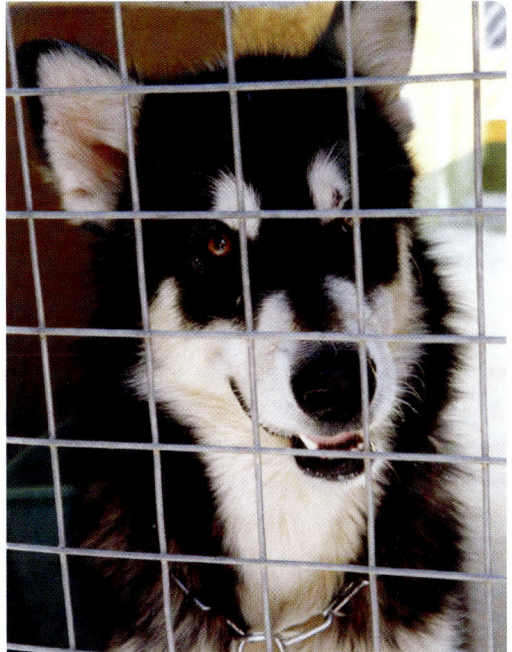

Mit Zwingerhusten infizieren sich v. a. Hunde in Tierpensionen, Tierheimen oder bei Hundeausstellungen.

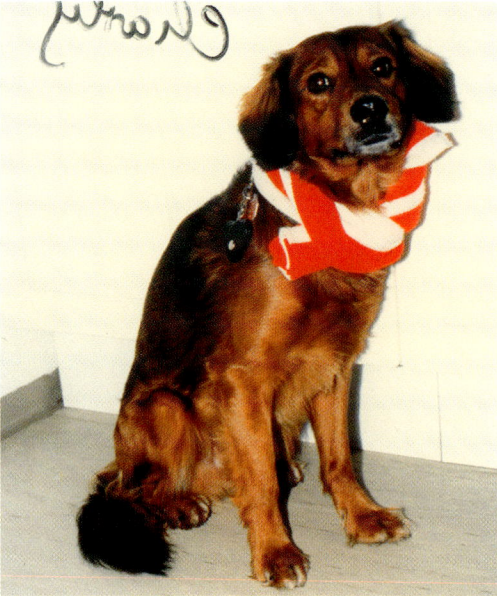

Ein warmer Schal unterstützt die Heilung bei Erkrankungen der oberen Atemwege.

breitet. Erkrankungen treten vor allem im Zusammenhang mit **abwehrschwächenden Stresssituationen** wie zum Beispiel bei Hundeausstellungen, bei Aufenthalt in Tierpensionen, Kliniken oder Tierheimen auf. Daher auch die Bezeichnung Zwingerhusten.

Symptome: Die Inkubationszeit, das heißt die Zeit zwischen Ansteckung und Ausbruch der Erkrankung, variiert je nach Abwehrlage des Hundes und Aggressivität des Erregers zwischen 2 und mehreren Tagen. Meist zeigt sich als einziges Symptom ein plötzlich auftretender trockener und für den Hund quälender Husten. Er verschwindet in der Regel nach wenigen Tagen, kann jedoch auch bis zu 14 Tagen anhalten. Bei Beteiligung von Bakterien können, vor allem bei geschwächten Tieren, eitrige Augenentzündungen, Nasenausfluss, Fieber und Lungenentzündungen auftreten. In diesem Fall wird der Husten feucht und rasselnd. Es besteht Atemnot.

Therapie: Der Tierarzt verabreicht **Antibiotika**, um die für den Zwingerhusten mitverantwort-lichen Bakterien zu bekämpfen und um weitere Zusatzinfektionen mit Bakterien zu verhindern. Schwerste Verlaufsformen wie zum Beispiel eine Lungenentzündung treten damit seltener auf. Dabei ist zu beachten, dass Antibiotika grundsätzlich in ausreichend hoher Dosierung und so lange, wie vom Tierarzt verordnet, dem Hund verabreicht werden müssen. Auch wenn sich die Symptome nach 2 bis 3 Tagen bessern, muss die Therapie bis zum Ende durchgeführt werden. Wird die verordnete Menge des Antibiotikums eigenmächtig verringert oder das Medikament vor Abschluss der Behandlung abgesetzt, bleiben einige der krankmachenden Bakterien übrig und werden resistent, das heißt unempfindlich gegen das eingesetzte Antibiotikum. Es kommt dann häufig zu einem, oft besonders schweren Rückfall der Erkrankung, wobei dann mit dem vorher behandelten Antibiotikum keine Besserung mehr zu erzielen ist.

Bei Infektionen mit Viren ist es besonders wichtig, die Selbstheilungskräfte durch **Stärkung des Immunsystems** zu fördern. Dazu stehen dem Tierarzt unter anderem Paramunitätsinducer und Vitamine zur Verfügung. Auch mit einer Eigenblut-Therapie werden gute Erfolge erzielt. Präparate, die den quälenden Hustenreiz mildern (Antitussiva), schleimlösende (Sekretolytika) und bronchienerweiternde (Bronchodilatatoren) Medikamente lindern die Beschwerden des geplagten Patienten.

Der kranke Hund sollte warmgehalten werden. Ein warmes Halstuch sowie bei kurzhaarigen Rassen ein schützender Mantel beim Spazierengehen während der kalten Jahreszeit sind keine Modegags. Grundsätzlich darf in dem Raum, in dem sich der Patient befindet, nicht geraucht werden. Das Raumklima sollte nicht zu trocken sein, feuchte Tücher über der Heizung oder Luftbefeuchter sind daher zu empfehlen.

Vorbeugung: Es gibt Kombinationsimpfstoffe gegen die gefährlichsten Erreger des Zwingerhustens. Die Grundimmunisierung besteht aus zwei Impfungen im Abstand von 3 bis 4 Wochen. Junghunde können erstmals mit 8 Wochen geimpft werden. Nach der Grundimmunisierung muss der Impfschutz **jährlich** aufgefrischt werden.

Da der Zwingerhusten durch unzählige Erreger verursacht werden kann und die Impfung nur gegen die gefährlichsten Keime wirksam ist, können trotz Impfung dennoch Erkältungskrankheiten mit Husten auftreten.

Gefahr für den Menschen: Die meisten für den Zwingerhusten verantwortlichen Krankheitserreger sind für den Menschen ungefährlich. Es wurden jedoch Infektionen mit humanen (menschlichen) **Influenzaviren** beim Hund nachgewiesen. Manche **bakteriellen** Infektionen sind vom Hund auf den Menschen und umgekehrt übertragbar.

Naturheilkunde

Wie bei anderen durch Viren ausgelöste Erkrankungen eignen sich Präparate aus der Naturheilkunde zur Stärkung des Immunsystems hervorragend zur Therapie bei Atemwegserkrankungen. Präparate aus **rotem Sonnenhut** (*Echinacea purpurea*) in Tropfenform (1 Tropfen pro 10 kg Körpergewicht 2 x täglich) sowie Vitamin C (¼ Teelöffel pro 10 kg Körpergewicht 1 x täglich ins Futter) unterstützen die körpereigenen Abwehrkräfte.

Ein Aufguss (Tee) aus **Huflattich** (*Tussilago farfara*), etwa eine Tasse pro 10 kg Körpergewicht pro Tag unter das Futter gemischt oder direkt in die Maulhöhle eingegeben, beruhigt die entzündeten Atemwege und wirkt gegen Husten und Heiserkeit. Ist die Lunge am Krankheitsgeschehen beteiligt (Lungenentzündung) sollte eine **Mischung aus Huflattich und Holunderblüten** als Tee verwendet werden.

Tollwut

Leitsymptome

→ Wesensveränderungen

→ zentralnervöse Störungen

→ Lähmungen

Allgemeines: Der Erreger der Tollwut ist ein **Virus** (Rhabdovirus), das über die Nervenbahnen eines infizierten Tieres zum Gehirn wandert, sich dort vermehrt und über die Speicheldrüsen und damit den Speichel auf andere Tiere und den Menschen übertragen werden kann. Der Hauptüberträger der Tollwut in Europa ist der Fuchs. Die Ansteckung erfolgt in der Regel über den **Biss** eines tollwütigen Tieres. In seltenen Fällen ist auch eine Ansteckung über offene Wunden mit infiziertem Speichel möglich. Die Wunden müssen dazu jedoch tief sein. Kleinere Schrammen, wie sie jeder einmal an den Händen hat, sind harmlos. Sie brauchen also keine Angst zu haben, Ihren Hund zu streicheln, wenn er zum Beispiel aus einem Gebüsch herauskommt. Selbst wenn sich virushaltiger Speichel eines tollwutkranken Tieres im Fell Ihres Hundes befindet (was an sich schon sehr unwahrscheinlich ist), reicht die Virusmenge für eine Infektion nicht aus.

Symptome: Die Inkubationszeit, also die Zeit von der Infektion bis zum Ausbruch der Erkrankung, ist bei Tollwut relativ lang – von 4 Wochen bis zu mehreren Monaten. In dieser Zeit treten keine sichtbaren Symptome auf. Die Krankheit selbst kann von ihrem Ausbruch bis zum Tod des Tieres in drei Stadien eingeteilt werden:

Im **Stadium der Frühsymptome** werden Wesensveränderungen des infizierten Hundes zum ersten Mal sichtbar. Einem Hundebesitzer, der seinen vierbeinigen Freund kennt, fallen diese Veränderungen recht schnell auf. Die innere Verbindung zum Besitzer scheint abgerissen, der Hund verhält sich so, als sei er fremd. Manche Tiere verkriechen sich, sind schreckhaft und sehr ängstlich. Ein bis 2 Tage nach Auftreten der Frühsymptome kommt es zu plötzlicher Aggressivität sowie Anfällen von Raserei ohne erkennbare Ursache, dies wird als **Erregungsstadium** bezeichnet. Das **Lähmungsstadium** mit Lähmungen, beginnend meist an den Hintergliedmaßen und sich rasch über den gesamten Körper ausbreitend, schließt sich an. Der Tod tritt etwa 8 Tage nach Auftreten der Frühsymptome ein.

In manchen Fällen werden die tollwutkranken Tiere nicht aggressiv. Die Lähmungen schließen sich dabei direkt an das Stadium der Frühsymptome an. Man spricht dann von der **stillen Wut**.

Therapie: Die Tollwut ist nicht heilbar. Diese gefährliche Seuche führt, wenn sie einmal ausgebrochen ist, immer zum Tode. Die Behandlung tollwütiger Tiere ist aussichtslos und in der Bundesrepublik Deutschland **gesetzlich verboten**. Tollwut ist eine **anzeigepflichtige Seuche**. Schon bei Verdacht, dass eine Infektion mit dem Rhabdovirus vorliegt, schaltet sich der Amtstierarzt ein. **Tollwutkranke** Tiere müssen sofort getötet werden. Besteht der Verdacht, dass Ihr Hund sich mit dem Virus infiziert hat, entscheidet der Amtstierarzt, ob das Tier getötet wird oder 3 Monate in Quarantäne muss. **Tollwutverdächtig** ist jeder Hund, der sich in einem tollwutgefährdeten Gebiet aufhält, Bissverletzungen aufweist und nicht gegen Tollwut geimpft ist.

Vorbeugung: 1885 entwickelte Louis Pasteur den ersten Impfstoff gegen Tollwut. Inzwischen wurde dieser Impfstoff in Bezug auf seine Wirkung und Verträglichkeit wesentlich verbessert. Jeder Hund sollte regelmäßig gegen Tollwut geimpft werden. Nur mit einem gültigen Impfpass können Sie Ihr Tier von einem Tollwutverdacht befreien. Die letzte Impfung muss dabei mindestens 4 Wochen (es sei denn, das Tier wurde alle 3 Jahre regelmäßig geimpft und hat einen ununterbrochenen Schutz gegen Tollwut) und darf nicht älter als 3 Jahre alt sein. Bei Welpen kann die erste Impfung mit etwa 12 Wochen durchgeführt werden und muss dann 3 bis 4 Wochen später aufgefrischt werden, um eine Grundimmunisierung zu erreichen. Danach wird die Schutzimpfung **alle 3 Jahre** aufgefrischt. Eine **Notimpfung**, wie sie beim Menschen nach einem Biss eines tollwütigen Tieres durchgeführt wird, **gibt es für Tiere nicht.**

Inzwischen ist die Tollwut in Deutschland sehr selten geworden. Grund dafür sind die vorbeugenden Impfungen der Füchse durch Auslegen von Impfködern. Es handelt sich dabei um für Menschen ziemlich übel riechende Köder, die mit Impfstoff präpariert und über große Flächen in unseren Wäldern verteilt werden. Sie werden von den Füchsen gerne aufgenommen. Wenn ein Hund versehentlich einen solchen Köder findet und frisst, ist das zwar nicht erwünscht, aber auch nicht besonders gefährlich. Der zusätzlich aufgenommene Impfstoff schadet dem Hund nicht.

Gegen die Einschleppung der Seuche in andere Länder bestehen **Einreisebestimmungen**, die sich je nach Seuchenlage der einzelnen Länder unterscheiden und sich von Jahr zu Jahr verändern können. Erkundigen Sie sich bei Ihrem Tierarzt, welche Bedingungen das Land Ihrer Wahl für die Einreise mit einem Hund stellt. Für die Rückreise nach Deutschland aus sogenannten „Drittländern" (Länder außerhalb der Europäischen Union) benötigen Sie einen Nachweis, dass Ihr Hund einen ausreichend hohen Antikörpertiter (Konzentration von Abwehrstoffen im Blut) gegen Tollwut hat. Man will sicher sein, dass sich das Tier nicht in einem Land mit unsicherem Seuchenstatus mit Tollwut infizieren und diese Erkrankung dann nach Deutschland einschleppen kann. Dafür muss vor der Urlaubsreise durch eine Blutuntersuchung der Antikörpertiter festgestellt und dokumentiert werden. Solche Titeruntersuchungen dürfen nur von Speziallabors durchgeführt werden. Ihr Tierarzt wird Sie beraten.

Gefahr für den Menschen: Die Tollwut ist auf den Menschen **übertragbar** und verläuft, wenn sie einmal ausgebrochen ist, immer tödlich. Nach dem Biss durch ein tollwütiges Tier kann der Mensch durch eine aus mehreren Injektionen bestehende Notimpfung gerettet werden. Die Tollwut ist in Deutschland sehr selten. Die wenigen in den letzten Jahren beim Menschen aufgetretenen Fälle waren Infektionen, die im Ausland (z. B. Indien) erworben wurden.

Aujeszkysche Krankheit

Leitsymptome

→ Wesensveränderungen

→ unstillbarer Juckreiz

→ Krämpfe, Lähmungen

Allgemeines: Die Erkrankung ist weltweit verbreitet und seit 1849 auch in Europa bekannt. Der Mikrobiologe Aujeszky, dessen Name die Krankheit trägt, wies 1902 in Ungarn nach, dass es sich dabei um eine Viruserkrankung handelt. Der Erreger ist ein **Herpesvirus**. Alle Säugetiere, außer Primaten (Affen) und Einhufer (Pferd, Esel, Pony u. a.) können an Aujeszky erkranken. Der Hund infiziert sich durch den Genuss von **rohem Schweinefleisch**. Erwachsene Schweine sind die einzigen Tiere, die das Virus beherbergen, ohne sichtbar zu erkranken. Aus diesem Grunde sind viele Schweinebestände und damit auch die Schlachtschweine mit Aujeszky-Virus durchseucht. Durch Kochen und Braten wird der Erreger abgetötet. Von Rind-, Pferde-, Hammel-, Geflügel- oder Kaninchenfleisch geht keine Gefahr aus.

Symptome: In ihren Symptomen ähnelt die Aujeszkysche Krankheit der Tollwut. Man nennt sie daher auch Pseudowut. Hunde, die sich mit dem Virus infizieren, reagieren nach einer In-

kubationszeit von 2 bis 9 Tagen mit Wesensveränderungen, Schluckbeschwerden, Lähmungen der Kopfmuskulatur und Tobsuchtsanfällen. Plötzlich auftretender unstillbarer Juckreiz lässt die Tiere sich ohne Unterbrechung kratzen, Pfoten, Schwanz und sonstige Körperteile benagen, manchmal sogar abnagen. Dieses Symptom hat der Krankheit den Beinamen Juckseuche gegeben. Auch diese Viruserkrankung endet, wie die Tollwut, immer tödlich. Der Tod tritt innerhalb von 24 bis 36 Stunden nach Auftreten der Symptome ein.

Therapie: Es gibt **keine** Behandlungsmöglichkeiten.

Vorbeugung: Einen Impfstoff für Hunde gegen die Aujeszkysche Krankheit gibt es nicht. Der einzige wirksame Schutz besteht darin, kein rohes Schweinefleisch zu verfüttern. Kochen und Braten tötete das Virus zuverlässig ab. **Gefahr für den Menschen:** keine.

Leptospirose

Leitsymptome

→ Fieber

→ Erbrechen, Durchfall

→ Gelbsucht

Allgemeines: Die Leptospirose wird durch **Schraubenbakterien** (Spirochäten) verursacht. Diese sind im Wasser und im feuchten Milieu wochenlang überlebensfähig. Die Erreger werden von erkrankten Hunden sowie kleinen Nagetieren (Ratte, Maus) vor allem mit dem Urin, aber auch mit dem Speichel ausgeschieden. Die Ansteckung erfolgt über direkten Kontakt mit an Leptospirose erkrankten Tieren, durch Schnüffeln an infizierten Ausscheidungen sowie durch Baden in verunreinigten Seen. Die krankmachenden Bakterien dringen durch die Schleimhäute (z. B. Maulschleimhaut) und durch die Haut in den Körper ein,

Naturheilkunde

Durch den Zerfall der roten Blutkörperchen bei Leptospirose kommt es zu einer ausgeprägten Anämie („Blutarmut"). Die Brennnessel (*Urtica dioica*) unterstützt durch ihren hohen Gehalt an Eisen die Bildung neuer Erythrozyten (rote Blutkörperchen). 5 g Brennnesselkraut mit 250 ml kochendem Wasser überbrühen, 10 Minuten ziehen lassen, abseihen und abgekühlt dem Hund über den Tag verteilt unter das Futter mischen. Die angegebene Menge ist ausreichend für einen Hund bis 10 kg Körpergewicht. Die Therapie mit Brennnesseltee sollte über 3 Wochen durchgeführt werden.

vermehren sich im Blut und befallen von dort verschiedene Organe (Leber, Niere, Herz).

Symptome: Die Inkubationszeit, das heißt die Zeit von der Infektion bis zum Ausbruch der Erkrankung, beträgt 4 bis 12 Tage. Als erstes Symptom zeigt sich starkes Erbrechen gefolgt von Durchfall und Fieber. Die erkrankten Hunde trocknen aus. Wird der **Flüssigkeitsverlust** nicht durch Infusionen ausgeglichen, besteht die Gefahr eines Kreislaufzusammenbruchs (Schock). Die Zahl der weißen Blutkörperchen steigt an. Die roten Blutkörperchen zerfallen, wodurch nach einigen Tagen eine ausgeprägte Gelbsucht entsteht: Die Schleimhäute und die Haut färben sich gelb, der Urin ist tiefgelb bis braungelb. Oft sind auch das Herz und das Brustfell vom Krankheitsgeschehen mit betroffen. In diesen Fällen leiden die Patienten unter starken Atembeschwerden.

Therapie: Gegen bakterielle Infektionen werden **Antibiotika** eingesetzt. Da es sich bei den Erregern der Leptospirose um Bakterien handelt, ist eine antibiotische Therapie das Mittel der Wahl. Zusätzlich wird der Tierarzt Infusionen zur Kreislaufstabilisierung geben. Je nach Organbefall müssen weitere Medikamente verabreicht (z. B. zur Herzstärkung) und Thera-

pien durchgeführt werden (z. B. Bauchhöhlen-Dialyse bei Nierenversagen). Manchmal ist auch eine Bluttransfusion erforderlich.

Je nach Zustand des Hundes ist es möglich, einen an Leptospirose erkrankten Hund zu Hause zu behandeln. Die konsequente tierärztliche Versorgung, wie zum Beispiel Infusionen über längere Zeit, muss dabei allerdings gewährleistet sein. Wenn der Patient jedoch für den täglichen Transport in die tierärztliche Praxis zu schwach ist, ist ein Klinikaufenthalt unumgänglich.

Der Patient hat in der Regel keinen Appetit. Damit er wieder zu Kräften kommt, ist es oft nötig, ihn zeitweise zu füttern. Kindernahrung in Gläschen, Hühnerbrühe mit Ei oder beim Tierarzt erhältliche Sondennahrung eignen sich zum Eingeben mit Hilfe einer 10-ml-Spritze (ohne Nadel!).

Vorbeugung: Es gibt eine Impfung gegen Leptospirose. Die Grundimmunisierung besteht aus zwei Impfungen im Abstand von 3 bis 4 Wochen. Danach ist eine **jährliche** Auffrischung erforderlich. Welpen können ab der 8. Lebenswoche erstmals geimpft werden.

Gefahr für den Menschen: ja. Auch der Mensch kann sich mit Leptospiren infizieren. Die Erkrankung zählt damit zu den **Zoonosen** (Krankheiten, die vom Tier auf den Menschen übertragbar sind). Menschen infizieren sich hauptsächlich in kontaminiertem Wasser (Schwimmen in Kiesgruben im Sommer). Eine Übertragung vom kranken Hund auf den Menschen ist ebenfalls möglich. Die Inkubationszeit beim Menschen beträgt zwischen 4 und 19 Tagen. Leptospirose ist **meldepflichtig**. 2007 wurden in Deutschland 167 Erkrankungen gemeldet; damit ist die Zahl der Krankheitsfälle relativ niedrig. Es gibt daher **keinen Grund zur Panik**. Erste Anzeichen einer Leptospiroseerkrankung beim Menschen sind hohes Fieber, Kopf- und Gliederschmerzen, Bindehautentzündung und Gelbsucht. Die Behandlung erfolgt mit Antibiotika und ist in der Regel erfolgreich. Eine Impfung gibt es für den Menschen nicht.

Parvovirose

Leitsymptome
→ Fieber
→ Erbrechen, blutiger Durchfall

Allgemeines: Der Erreger ist ein **Virus**. (Parvovirus) und wird über den Kot erkrankter Tiere ausgeschieden. Hunde infizieren sich durch direkten Kontakt mit kranken Artgenossen sowie durch Schnüffeln an infizierten Ausscheidungen. Infektionen über verunreinigte Gegenstände (Decken, Futternäpfe, Transportboxen) sind möglich.

Symptome: Bei Welpen bis zum 4. Lebensmonat befällt das Virus die **Herzmuskelzellen**. Die erkrankten Hunde sterben innerhalb kurzer Zeit an akutem Herzversagen. Die Todesrate liegt bei 100 %, das heißt für Hunde unter 4 Monaten, die an Parvovirose erkranken, gibt es in der Regel keine Rettung.

Bei älteren Hunden wird der **Darm** von dem Erreger angegriffen. Die Patienten sind zunächst schlapp und appetitlos, fiebrig und sie erbrechen. Wenige Stunden nach diesen relativ unspezifischen Symptomen kommt es zu schweren flüssigen, später blutigen Durchfällen. Oft wird fast reines Blut im Strahl abgegeben, dem ein typisch süßlicher Geruch entströmt. Die Hunde trocknen schnell aus und sterben ohne Behandlung innerhalb kurzer Zeit an Herz-Kreislaufversagen aufgrund des massiven Flüssigkeitsverlustes.

Therapie: Die wichtigste tierärztliche Maßnahme ist die Gabe von **Infusionen** zum Ausgleich des Flüssigkeits- und Elektrolytverlustes. Antibiotika werden zum Schutz vor bakteriellen Zusatzinfektionen injiziert. Krampflösende und schmerzstillende Medikamente lindern die Beschwerden des kranken Hundes.

Nach Ausbruch der Parvovirose sollte der Patient 48 Stunden keine Nahrung erhalten.

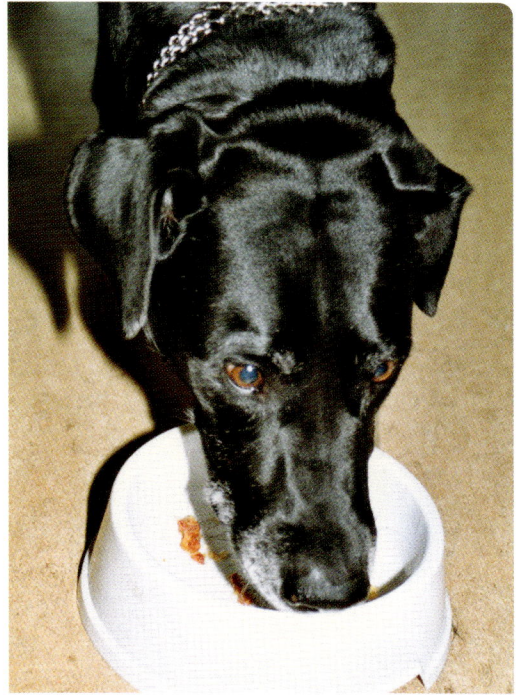

Das Parvovirus kann auch über infizierte Futternäpfe übertragen werden.

Die notwendige Energie wird ihm durch Infusionen verabreicht. Nach dieser Hungerzeit, in der sich der erkrankte Darm erholen kann, erhält der Hund **Diätnahrung**: drei Teile in Wasser sehr weich gekochter Milchreis oder gekochte Kartoffeln, vermischt mit Hüttenkäse oder Magerquark, ein Teil gekochtes Möhrengemüse. Das ist die klassische Nahrungszusammenstellung bei schweren Darmerkrankungen. Die Diät sollte bis mindestens 8 Tage nach Ende des Durchfalls beibehalten werden. Rohfaserreiche Nahrungsmittel, wie zum Beispiel Haferflocken, dürfen nicht gefüttert werden. Sie fördern das Wachstum schädlicher Bakterien im erkrankten Darm. Wenn der Hund die Diät nicht annimmt, können Sie etwas Hühnerbrühe oder Babynahrung aus dem Glas (z. B. Hühnchenzubereitung) hinzufügen.

Vorbeugung: Es gibt eine Impfung gegen den Erreger der Parvovirose. Nach einer zweima-

Naturheilkunde

Heidelbeerabsud aus getrockneten Heidelbeerfrüchten wirkt antibakteriell und verhindert Zusatzinfektionen mit krankmachenden Bakterien im virusgeschädigten Darm des Hundes. Die Früchte erhalten Sie im Reformhaus oder in der Apotheke. Sie werden etwa 10 Minuten in Wasser gekocht (2 Esslöffel auf 200 ml Wasser) und abgeseiht. Der Absud wird dem kranken Hund abgekühlt mit einer Einmalspritze direkt in die Maulhöhle eingegeben. Über den Tag verteilt erhält der Patient 5 Spritzen à 5 ml pro 10 kg Körpergewicht.

ligen Injektion im Abstand von 3 bis 4 Wochen muss der Schutz **jährlich** aufgefrischt werden. Welpen können erstmals im Alter von 8 Wochen geimpft werden.
Gefahr für den Menschen: keine.

Borreliose (Lyme-Borreliose)

Leitsymptome

➔ Fieber
➔ Mattigkeit
➔ wechselnde Lahmheiten

Allgemeines: Die Borreliose wird durch **Bakterien** verursacht. Ihrer Form nach sind es Schraubenbakterien, da sie ähnlich wie das Gewinde einer Schraube gedreht sind. Ihr Name ist *Borrelia burgdorferi*. Man spricht von Lyme-Borreliose, weil die Erkrankung erstmals gehäuft in einer amerikanischen Kleinstadt namens **Lyme** beobachtet und als eine von Zecken übertragene Infektion identifiziert wurde. Überträger der Lyme-Borreliose sind infizierte **Schildzecken**. Die Schraubenbakterien leben im Darm dieser Parasiten. Sie wer-

den aktiv, wenn sich eine Zecke in der Haut eines Säugetieres festbeißt und Blut saugt. Die Erreger dringen dabei über den Einbisskanal in das Säugetier ein (auch in den Menschen) und verursachen diese gefährliche Erkrankung. Der Vorgang des Eindringens soll allerdings 2 Stunden dauern, sodass ein rechtzeitiges Entdecken und Entfernen der Zecke das Infektionsrisiko vermindert. In manchen Gebieten Deutschlands und Österreichs soll jede 3. Zecke mit *Borrelia burgdorferi* infiziert sein.
Symptome: Zunächst zeigen sich unspezifische Krankheitszeichen wie Müdigkeit, Leistungsabfall, eventuell Fieber und Appetitlosigkeit. Vielfach werden diese oft nicht sehr ausgeprägten Symptome übersehen. Wochen und Monate nach dem Zeckenbiss entwickeln sich Entzündungen der Gelenke mit schweren wechselnden Lahmheiten, Entzündungen des Herzens und des Nervensystems.
Therapie: Da die Blutuntersuchung auf Borreliose erst 6 Wochen nach der Infektion aussagekräftig ist, sollte sofort, wenn der Verdacht einer Borrelioseinfektion besteht, eine Behandlung eingeleitet werden. Bei rechtzeitigem Therapiebeginn ist die Heilung sehr wahrscheinlich. Im fortgeschrittenen Stadium, wenn bereits Gelenkentzündungen sowie Herz- oder Nervenschädigungen bestehen, ist der Behandlungserfolg zweifelhaft. Das Mittel der Wahl zur Behandlung einer Borreliose sind **Antibiotika**, ausreichend hoch dosiert und ausreichend lange verabreicht. Zusätzlich wird der Tierarzt, je nach Auftreten der verschiedenen Symptome, schmerzlindernde und herzstärkende Medikamente verordnen.
Vorbeugung: Die wirksamste Vorbeugung gegen Borreliose ist die konsequente **Verhütung von Zeckenbefall**. Sehr wirksame Langzeitpräparate, die dies verhindern, erhalten Sie bei Ihrem Tierarzt. Seit 1999 ist in Deutschland ein Impfstoff gegen Borreliose beim Hund zugelassen. Dieser Impfstoff schützt jedoch nicht vor allen in Deutschland

Entzündungen der Gelenke mit wechselnden Lahmheiten bei Borreliose.

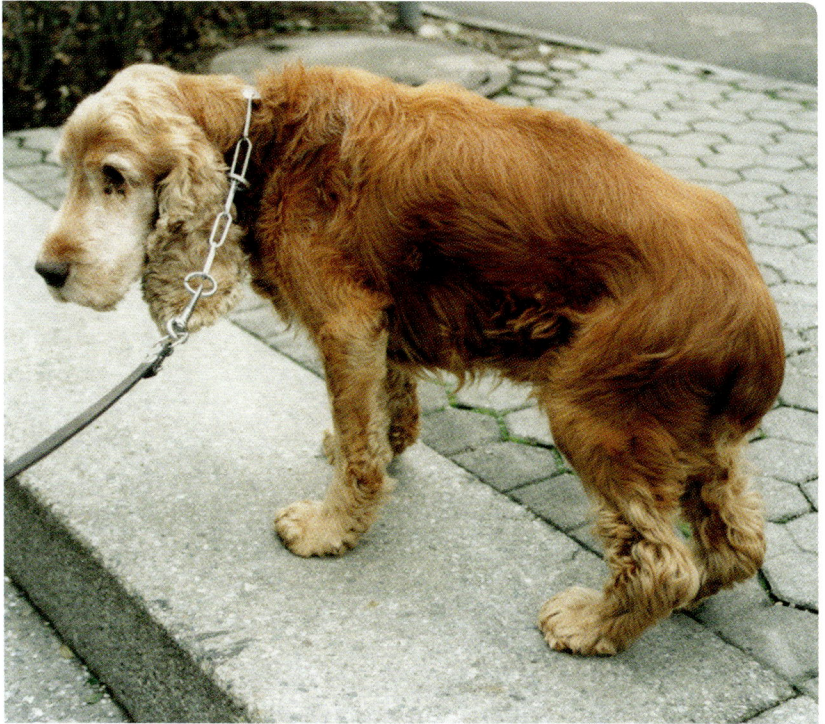

vorkommenden Varianten des Erregers. Inzwischen wurde ein neuer Impfstoff entwickelt, dessen Wirkungsbreite etwas größer ist. Dennoch sollte man sich auf die Impfung allein nicht verlassen. Da es jedoch noch andere gefährliche Erkrankungen gibt, die von Zecken

Naturheilkunde

Es gibt keine Präparate aus der Naturheilkunde, die eine Borreliose heilen. Gelenkentzündungen und die dadurch entstehenden Schmerzen können jedoch mit der **Teufelskralle** (*Harpagophytum procumbens*) günstig beeinflusst werden. Die pulverisierte Knolle dieser Pflanze erhalten Sie in Kapselform in der Apotheke. Über 2 Wochen wird dem Hund täglich einmal eine Kapsel pro 10 kg Körpergewicht verabreicht.

übertragen werden (z. B. Babesiose), muss auch ein geimpfter Hund vor Zecken geschützt werden!

Wird ein mit Borrelien bereits infizierter Hund geimpft, besteht die Gefahr, dass die Impfung und die dadurch zusätzlich entstehenden Antikörper eine **Immunkomplexerkrankung** verursachen. Die Immunkomplexe lagern sich dabei in die Nieren ein und schädigen sie. Aus diesem Grunde sollte vor jeder Impfung gegen Borreliose durch eine Blutuntersuchung abgesichert werden, dass der Hund noch nicht infiziert ist.

Gefahr für den Menschen: Der Mensch kann ebenso wie der Hund durch einen Zeckenbiss infiziert werden und an Borreliose erkranken. Eine Übertragung der Erkrankung vom Hund auf den Menschen wurde bisher noch nie beobachtet und ist nicht wahrscheinlich.

Babesiose

Leitsymptome

→ Fieber (bis 42 °C)

→ rot- bis grünbrauner Urin, Gelbfärbung der Haut und der Schleimhäute (Gelbsucht)

→ Leber- und Milzvergrößerung

Allgemeines: Der Erreger der Babesiose, landläufig auch Hundemalaria genannt, ist ein kleiner **Einzeller** (*Babesia canis*), der von bestimmten **Zeckenarten** *(Rhipicephalus sanguineus, Dermacentor* spec.*, Hyalomma, Haemaphysalis*) übertragen wird. Die für die Babesiose-Übertragung verantwortlichen Zecken wurden bis vor wenigen Jahren ausschließlich in tropischen und subtropischen Ländern gesehen. Inzwischen sind sie durch

Viele Menschen nehmen ihre Hunde mit auf Reisen in ferne Länder. Hier lauern „Reisekrankheiten" wie z. B. die Babesiose.

die Klimaveränderungen auch in Norditalien, Ungarn, in der Schweiz und in Deutschland heimisch – und damit auch die Babesiose. Aufgrund der milden Witterung können die Zecken in Mitteleuropa den Winter überleben.

Symptome: Die Inkubationszeit (Zeit zwischen der Infektion und dem Ausbruch der Erkankung) beträgt 10 Tage bis 3 Wochen. In dieser Zeit vermehren sich die Erreger in den roten Blutkörperchen (Erythrozyten) und zerstören sie dadurch. Die Erythrozyten platzen (Hämolyse) und es entsteht eine ausgeprägte **Anämie** („Blutarmut"). Die Erkrankung tritt in **Schüben** auf. Nach der ersten „Invasion" der Erreger kommt es zu einer Ruhepause von etwa 2 Wochen. Danach tritt die Erkrankung erneut in noch massiverer Form auf und wechselt anschließend zwischen akuten Krankheitsphasen und unterschiedlich langen Ruhezeiten (von 14 Tagen bis zu mehreren Wochen) ab. Die Diagnose erfolgt durch eine Blutuntersuchung.

Die betroffenen Hunde sind schwach, appetit- und teilnahmslos. Während der akuten Phase haben sie hohes Fieber (bis zu 42 °C). Durch die Zerstörung der Erythrozyten tritt roter Blutfarbstoff (Hämoglobin) in den Körperkreislauf, wodurch sich der Urin rot bis grünbraun sowie die Haut und Schleimhäute gelblich verfärben. Diese **Gelbsucht** wird in der medizinischen Fachsprache als Ikterus bezeichnet. Leber und Milz sind die Organe, die für den Abbau der zerstörten roten Blutkörperchen zuständig sind. Durch den vermehrten Anfall von Abbauprodukten während einer akuten Phase der Babesiose sind diese Organe stark gefordert. Es kommt zur massiven **Vergrößerung von Leber und Milz**, wobei die Milz einen großen Teil des Bauchraumes des erkrankten Hundes einnehmen kann.

Welpen, geschwächte Junghunde sowie ältere Hunde mit anderen chronischen Erkrankungen können schon in der ersten Phase der Babesiose ohne weitere Symptome sterben.

Bei starker körpereigener Abwehr werden auch milde Verlaufsformen der Infektionskrankheit gesehen.

Therapie: Es gibt ein Medikament, das die Erreger der Babesiose abtötet. Es ist in Deutschland für den Hund allerdings noch nicht zugelassen. Seine Verwendung muss von der zuständigen Behörde genehmigt werden. Bei milden chronischen Verlaufsformen der Erkrankung genügt in der Regel die mehrmalige Injektion dieses Präparates, um eine vollkommene Heilung zu erreichen. Ist die Erkrankung schon weit fortgeschritten und sind bereits viele rote Blutkörperchen zerstört, sind Bluttransfusionen nötig, um das Leben des betroffenen Hundes zu erhalten.

Vorbeugung: Die wirkungsvollste Vorbeugung gegen Babesiose ist die **Zeckenbekämpfung**. Hunde sollten grundsätzlich das ganze Jahr über und insbesondere während Urlauben in gefährdeten Gebieten vor Zecken geschützt werden. Bei Ihrem Tierarzt erhalten Sie Schutzpräparate gegen Zecken, die den früher üblichen Zeckenhalsbändern in ihrer Wirkung überlegen und vorzuziehen sind.

Gefahr für den Menschen: keine.

Naturheilkunde

Ein wirksames Mittel bei Anämie ist Brennnesselsaft. Zweimal täglich wird 1 Esslöffel mit etwas Wasser verdünnt unter das Futter gemischt. Zusätzlich unterstützt eine Lebermahlzeit (gekochte oder gebratene Leber) zweimal wöchentlich die Neubildung der roten Blutkörperchen (Erythrozyten).

Leishmaniose

Leitsymptome

→ nicht juckende Entzündungen der Haut (Ohrspitzen, Nasenrücken und um die Augen)

→ Teerstuhl (Meläna), blutiger Urin

→ blasse bis porzellanweiße Schleimhäute

Allgemeines: Die Leishmaniose ist eine Infektionskrankheit, die durch **Einzeller** (*Leishmania donovani* und *Leishmania tropica*) hervorgerufen wird. Die Erkrankung ist vor allem in den Mittelmeerländern, auf den Balearen, auf Elba, Sardinien und Korsika heimisch. Hunde aus Deutschland können sich während Urlauben in diesen Ländern infizieren. Die Leihmaniose gehört damit zu den typischen **Reisekrankheiten**. Die Übertragung auf den Hund erfolgt durch den Stich einer infizierten Sandmücke der Gattung *Phlebotomus* (auch Sandfliege genannt). Der Erreger kann aber auch durch Hautverletzungen und mit Speichel aufgenommen werden. Sandmücken wurden während der warmen Jahreszeit auch in Deutschland gefunden!

Symptome: Die Inkubationszeit, das heißt die Zeit vom Eindringen des Erregers in den Körper bis zum Ausbruch der Erkrankung, variiert sehr stark. Von 1 Monat bis zu 18 Monaten kann es dauern, bis die ersten Symptome auftreten. Die Leishmanien können jedoch auch jahrelang ohne Krankheitszeichen zu verursachen im Körper ruhen, um dann bei abwehrschwächenden Belastungen des Hundes aktiv zu werden.

Es werden die **Hautform** und die **Eingeweideform** der Leishmaniose unterschieden. Beide Verlaufsformen treten jedoch beim Hund meist gleichzeitig auf. Typische Symptome der Hautform sind zunächst nicht juckende Entzündungen der Haut mit Haar-

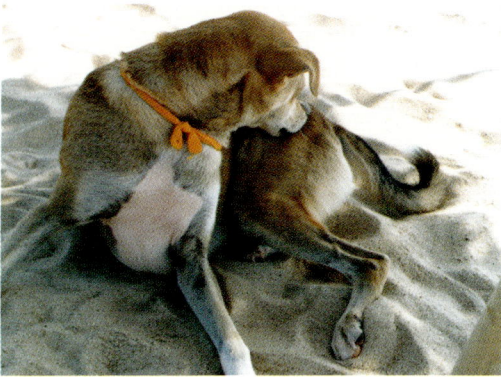

Juckreiz an der Einstichstelle ist zunächst das einzige Symptom einer Leishmaniose-Infektion.

Hautentzündung bei Leishmaniose.

ausfall am Nasenrücken, an den Ohrspitzen und um die Augen herum („Brillenbildung"). Die Veränderungen können sich über den ganzen Körper ausbreiten. Die Haut ist schuppig, trocken und rissig. Durch zusätzliche Infektionen mit Bakterien kommt es zu eitrigen Entzündungen und Geschwüren. Die Eingeweideform der Leishmaniose äußert sich durch Nierenentzündungen mit blutigem Urin, Geschwüre im Magen-Darm-Trakt mit schwarzem Kot, Leberentzündungen mit Erbrechen und Durchfällen sowie Anämie (Blutarmut) mit blassen bis porzellanweißen Schleimhäuten. Die betroffenen Hunde magern meist stark ab, haben keinen Appetit und sind schlapp und müde. Ohne Behandlung sterben

die erkrankten Hunde. Die Leishmaniose kann sich jedoch auch in **abgemilderter Form** mit schubweise auftretenden unspezifischen Symptomen wie Muskelschwäche, Fieber, Müdigkeit und Abmagerung äußern. Die Diagnose erfolgt durch eine Blutuntersuchung. In Zweifelsfällen kann der Erreger auch in der Haut oder in Lymphknotengewebe nachgewiesen werden.

Therapie: Es gibt verschiedene Medikamente, die gegen die Leishmaniose eingesetzt werden. Meist kommt es durch die Behandlung zu einer vorübergehenden Besserung der Symptome. Eine vollständige Heilung der Erkrankung ist, vor allem in fortgeschrittenen Fällen, nicht immer möglich.

Vorbeugung: In Gebieten, in denen die für die Übertragung der Leishmaniose verantwortlichen Sandfliegen leben, sollten Hunde mit einem wirksamen Insektizid geschützt werden. Fragen Sie Ihren Tierarzt vor Antritt Ihres Urlaubes danach.

Gefahr für den Menschen: ja! Die Leishmaniose ist über den Stich einer infizierten Sandfliege, aber auch über Hautwunden auf den Menschen übertragbar und kann dort, je nach Erregertyp, ebenfalls Erkrankungen der Haut oder der inneren Organe hervorrufen. Da der Erreger auch über Hautwunden übertragen werden kann, sollten abwehrgeschwächte Menschen (z. B. Aids- oder Tumorpatienten) beim Umgang mit an Leishmaniose erkrankten Hunden **vorsichtig** sein und eventuell Handschuhe tragen.

Naturheilkunde

Zur unterstützenden Behandlung der Hautveränderungen bei Leishmaniose hat es sich bewährt, die entzündete Haut ein- bis zweimal täglich mit frisch gepresstem Petersiliensaft oder einer Abkochung aus Petersilienkraut und Petersilienwurzel einzutupfen.

Ehrlichiose

Leitsymptome

→ Fieber bis 41 °C (Rückfallfieber)

→ Anämie

→ Lymphknotenschwellung

→ Krampfanfälle

Allgemeines: Der Erreger der Ehrlichiose ist ein **Bakterium** (*Ehrlichia canis*), das vor allem im Mittelmeerraum, in Afrika, Asien und den USA vorkommt. Das Bakterium wird durch eine bestimmte **Zeckenart** (*Rhipicephalus sanguineus*) auf den Hund übertragen. Diese Zecken wurden in den letzten Jahren auch in Deutschland gesehen.

Symptome: Nach einer Inkubationszeit (Zeit zwischen Infektion und Ausbruch der Erkrankung) von 5 bis 21 Tagen entsteht zunächst hohes Fieber (bis 41 °C), das einige Tage anhält, dann vergeht und erneut ansteigt. Dieser Fieberverlauf (Rückfallfieber) kann Wochen und Monate andauern. Die Tiere sind geschwächt und appetitlos. Eine Anämie (Blutarmut) mit blassen Schleimhäuten,

Naturheilkunde

Antibiotika müssen zur Behandlung der Ehrlichiose über mehrere Wochen verabreicht werden, wodurch die Darmflora des Patienten häufig angegriffen wird. Als Begleittherapie zum Schutz des Darms und der Darmflora eignen sich Joghurt (2 bis 3 Esslöffel/Tag) oder Fertigarzneimittel mit lebenden Darmbakterien (z. B. Perenterol). Bei Durchfällen als Folge der Behandlung mit Antibiotika hilft eine Abkochung aus Heidelbeeren. 2 bis 3 Esslöffel der getrockneten Früchte werden mit ½ Liter Wasser 30 Minuten gekocht und abgeseiht. Von der abgekühlten Abkochung werden zweimal täglich, je nach Größe des Hundes, 1 bis 2 Esslöffel unter das Futter gemischt.

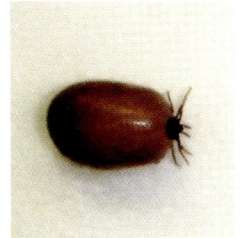

Der Erreger der Ehrlichiose wird durch Zecken übertragen.

Hunde aus südlichen Ländern sind häufig mit Ehrlichiose infiziert.

Atemnot, massive Lymphknotenschwellungen, eitriger Augen- und Nasenausfluss, Durchfälle, Muskelzuckungen und Krampfanfälle, Erblinden sowie Lahmheiten der Hintergliedmaßen können ebenfalls auftreten.
Therapie: Da es sich bei dem Erreger der Ehrlichiose um ein Bakterium handelt, werden **Antibiotika** in hoher Dosierung über mehrere Wochen meist erfolgreich eingesetzt. Rechtzeitig begonnen führt die Antibiotikabehandlung in der Regel zu Heilung. Im fortgeschrittenen Stadium kann sich trotz Behandlung eine **chronische Ehrlichiose** entwickeln, die immer wieder „aufflackert" und erneute Behandlung erfordert.
Vorbeugung: Die Vorbeugung gegen diese **Reisekrankheit** beschränkt sich auf die Anwendung eines wirksamen Zeckenschutzes. Nur durch den Biss einer infizierten Zecke kann der Erreger auf den Hund übertragen werden.
Gefahr für den Menschen: keine.

Dirofilariose (Herzwurm)

Leitsymptome

→ Leistungsabfall
→ Atemnot, Husten

Allgemeines: Der Erreger ist ein **Wurm** (*Dirofilaria immitis*), der als Parasit im rechten Herzen und in den Lungenarterien lebt. Man spricht daher auch von der **Herzwurmkrankheit**. Die Erkrankung kommt hauptsächlich im südlichen Europa, in Amerika und Afrika vor. Die Larven werden durch infizierte **Stechmücken** beim Saugakt auf den Hund übertragen. Nach einer symptomlosen Zeit von 3 bis 4 Monaten im Körper des Hundes siedeln sich die Parasiten im Herzen und in den Lungenarterien an, wo sie zu erwachsenen Würmern heranwachsen.

Herzwürmer werden durch infizierte Stechmücken übertragen.

Einstichstellen der Stechmücken können am ganzen Körper sein.

Symptome: Die Symptome sind die einer schweren Herzerkrankung: Leistungsabfall, Atemnot, Lungenstau mit Husten, Störungen der Durchblutung anderer Organe, Bewusstlosigkeit sowie Erblinden. Je mehr Würmer vorhanden und je größer die Parasiten sind, desto stärker sind die Krankheitszeichen. Herzwürmer können bis zu 5 Jahre im Körper des erkrankten Hundes leben.

Therapie: Der Tierarzt kann eine Infektion frühestens 6 Monate nach der Infektion über einen Bluttest nachweisen. Es gibt Medikamente, um den Herzwurm abzutöten. Allerdings können die abgestorbenen Parasiten die Blutgefäße verstopfen, sodass die Medikamente nur sehr vorsichtig eingesetzt werden dürfen. Zusätzlich zu der Bekämpfung des Wurms muss das geschwächte und teilweise stark geschädigte Herz durch geeignete Medikamente unterstützt werden. In sehr ausgeprägten Fällen kann eine chirurgische Entfernung der Würmer aus den Lungenarterien versucht werden.

Vorbeugung: Besser als jede Therapie ist die Vorbeugung und eine solche ist bei der Herzwurmerkrankung erfreulicherweise **möglich**. Medikamente, die vor, während und noch einige Zeit nach der Urlaubsreise verabreicht werden müssen, schützen vor einer Infektion. Ihr Tierarzt wird Sie beraten.

Gefahr für den Menschen: keine.

Naturheilkunde

Zur Stärkung des geschädigten Herzens eignet sich Weißdorn (*Crataegus*) als universelles Herzmittel. Er kann bei den unterschiedlichsten Herzerkrankungen unterstützend angewandt werden. Die Heilpflanze wird hauptsächlich in Form von Fertigpräparaten verabreicht.

Hautkrankheiten

Es ist gerade bei Hautkrankheiten nicht immer möglich, sofort eine Diagnose zu stellen. Selbst völlig gleich aussehende Hautveränderungen können verschiedene Auslöser haben. Oft sind umfangreiche Allgemein- und Laboruntersuchungen erforderlich, um der genauen Ursache auf die Spur zu kommen. Geduld und die Bereitschaft des Tierhalters, auch länger dauernde Behandlungen nach Verordnung des Tierarztes konsequent durchzuführen, bringen in den meisten Fällen Erfolg.

Ektoparasiten

Ektoparasiten leben auf der Außenfläche, das heißt auf (oder auch in) der Haut oder im Fell der Wirte. Sie ernähren sich von Blut und Hautschuppen der Hunde und stellen eine starke Belästigung der befallenen Tiere dar. Starker Juckreiz, Pusteln und Abszesse, Allergien und nicht zuletzt die Übertragung gefährlicher Infektionskrankheiten gehen auf das Konto von Ektoparasiten.

Flöhe

Leitsymptome

→ Juckreiz
→ Pusteln, flächige, nässende Ekzeme

Allgemeines: Flöhe sind 1-8 mm große, seitlich abgeflachte Parasiten, die sich vom Blut ihrer Wirtstiere ernähren. Die Entwicklung der Flöhe erfolgt nicht auf dem Wirt, sondern in der Umgebung zum Beispiel in Fußbodenritzen, Teppichböden und im Tierlager (Körbchen, Decken, Sofa). Die Flohlarven ernähren sich von zerfallendem organischem Material und vom Kot erwachsener Flöhe, der viel unverdautes Blut enthält. Je nach Luftfeuch-

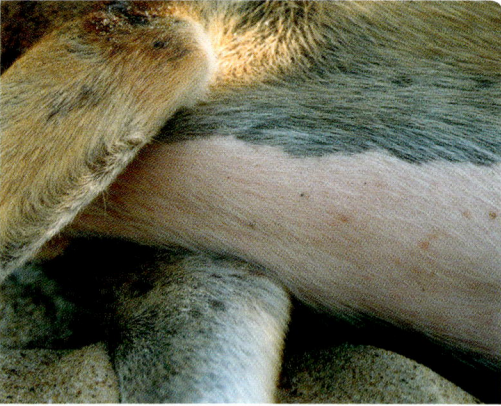

Flohstiche erkennt man an kleinen rötlichen, stark juckenden Punkten auf der Haut.

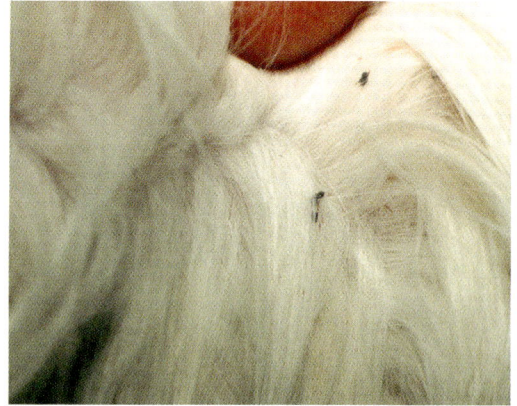

Flohkot im Fell sieht aus wie kleine Staubkörnchen.

tigkeit und Temperatur kann die Entwicklung vom Ei über mehrere Larvenstadien und das Puppenstadium zum erwachsenen Floh 4 Wochen bis mehrere Monate dauern. Die

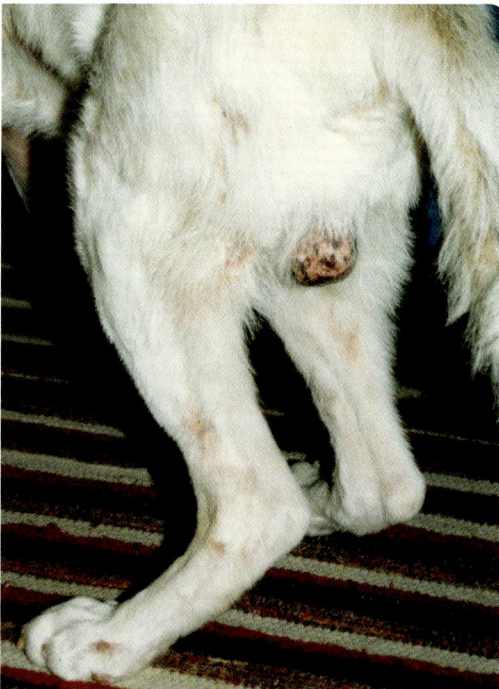

Durch Flohspeichelallergie verursachte, über den ganzen Körper verteilte Ekzeme.

Ansteckung erfolgt von Hund zu Hund (Flöhe können mehrere Meter weit springen!) oder über Decken, Transportkörbe, Schuhe. Auch andere Haustiere (z. B. Katzen) können Flöhe mit nach Hause bringen, wo diese sich vermehren und dann bei ihrer Blutmahlzeit nicht mehr zwischen Hund und Katze unterscheiden.

Symptome: Ein Flohbiss erzeugt starken Juckreiz. Die befallenen Hunde fügen sich durch ständiges Kratzen Hautwunden zu. Durch bakterielle Zusatzinfektionen entzünden sich solche Wunden gerne. Manche Tiere reagieren auf den Flohspeichel mit **Allergien**, die als juckende, nässende und flächige Ekzeme mit Haarausfall in Erscheinung treten. Oft erkennt der Tierarzt Flohbefall nur durch Auffinden von Flohkot, der wie kleine schwarze Staubkörnchen auf der Haut und im Fell des Patienten haftet. Wenn man den Flohkot auf einer hellen Unterlage (z. B. im Waschbecken oder auf einem hellen Löschblatt) mit etwas Wasser benetzt, entstehen wegen seines Anteils an unverdautem Blut rötliche Schlieren.

Therapie: Es gibt verschiedene Möglichkeiten, dem Flohbefall zu begegnen. Hier ist zu unterscheiden zwischen der Behandlung der Ekzeme (u. U. mit Kortikosteroiden), der Flohbekämpfung (mit entsprechenden Halsbändern, Puder, Sprays, Spot-on-Präparaten, Bademitteln) sowie der Behandlung der Umgebung (vor allem Liege- und Lagerstätten der Tiere, Auto). Ihr Tierarzt wird Sie beraten.

Flöhe sind **Zwischenwirte für Bandwürmer**. Bei Hunden mit Flohbefall sollte daher grundsätzlich eine parasitologische Kotuntersuchung auf Bandwurmbefall durchgeführt werden und, bei positivem Befund, eine entsprechende Therapie erfolgen.

Vorbeugung: In den letzten Jahren sind unsere Winter meist mild, sodass Flohbefall auch in der kalten Jahreszeit auftritt. Um das zu verhindern, sollten daher Hunde am besten das ganze Jahr hindurch gegen Flöhe geschützt werden. Wenn der Hund erst gar keine Flöhe mit in die Wohnung einschleppen kann, kommt es dort auch nicht zur Vermehrung der Parasiten.

Gefahr für den Menschen: Hundeflöhe befallen in der Regel keine Menschen. Lediglich Personen, die auch für Insektenstiche besonders empfänglich sind, klagen hin und wieder über stark juckende, nadelstichgroße Bisse an den Beinen. Diese Bisse lassen sich mit einer Salbe, die auch gegen Mückenstiche wirksam ist, gut behandeln.

Zecken

Leitsymptome

→ sichtbare Parasiten in der Haut
→ Entzündungen an der Bissstelle

Allgemeines: Zecken gehören zoologisch gesehen zu den Spinnentieren und haben acht Beine. Sie befinden sich bevorzugt in Nadel- und Laubmischwäldern mit viel Unterholz oder Gestrüpp sowie im dichten Gras in der Nähe von Sträuchern. Für ihre Entwicklung benötigen die Zecken durchschnittliche Tagestemperaturen über 10 °C. In unseren Breiten beginnt daher die Zeckensaison im Februar/März und endet im Oktober/November. Von April bis August ist die Zeit der höchsten Zeckenaktivität. Allerdings findet man manchmal bei ungeschützten Hunden auch im Dezember, wenn das Wetter recht warm ist, hin und wieder eine Zecke.

Die Parasiten bohren sich mit dem Kopf durch die Haut ihrer Opfer und saugen mit den Mundwerkzeugen Blut. Da sich Hunde von Natur aus gerne in der freien Natur bewegen, ist es nicht möglich, sie von den Orten, an denen sich Zecken befinden, fernzuhalten.

Zecken können gefährliche Krankheiten übertragen. Durch den Zeckenbiss kann ein Virus auf den Menschen übertragen werden, das neben grippeähnlichen Erscheinungen auch eine Hirnhautentzündung hervorrufen kann. Die Erkrankung wird **FSME** (Frühsommer-Meningo-Enzephalitis) genannt. Für den Menschen steht seit einiger Zeit ein Impfstoff gegen diese Erkrankung zur Verfügung. Für Hunde scheint das „Zeckenvirus" offensichtlich nicht gefährlich zu sein. Die **Lyme-Borreliose** (siehe Borreliose) dagegen wird immer häufiger bei Mensch und Hund diagnostiziert. Ebenso durch Zecken übertragen werden die Erreger der **Babesiose** (siehe Babesiose), die

Eine Zecke schwillt durch Blutsaugen innerhalb weniger Tage um das 10-fache ihrer Ursprungsgröße an.

Zeckenzange.

inzwischen auch in Deutschland heimisch sind. Zecken können durch ein eiweißartiges Gift in ihrem Speichel bei manchen, besonders empfindlichen Hunden die sogenannte **Zeckenparalyse** (Zeckenlähmung) auslösen. Das Gift lähmt Nervenfasern des Bewegungsapparates und verursacht eine aufsteigende Lähmung. Nach Entfernen der Zecken klingt die Lähmung ohne weitere Behandlung rasch ab.

Symptome: Der Hinterleib der Zecke schwillt beim Blutsaugen innerhalb weniger Tage um das 10-fache seiner Ursprungsgröße an. Erst wenn die Zecke richtig vollgesaugt ist, fällt sie ab und kann bis zu einem Jahr ohne Blut überleben. An der Bissstelle entsteht nicht selten eine Entzündung, die sich zum Abszess entwickeln kann und tierärztlich versorgt werden

muss. Bei unsachgemäßer Entfernung einer Zecke kann der Kopf des Parasiten in der Haut stecken bleiben.

Therapie: Hunde sollten nach jedem Spaziergang auf Zeckenbefall untersucht werden. Die Übertragung der Krankheitserreger vom Magen der Zecke in die Bissstelle und damit den Hund dauert in der Regel 2 Stunden. Wenn Zecken **frühzeitig entfernt** werden, kann damit das Infektionsrisiko verringert werden. Um eine Zecke aus der Haut zu entfernen, greifen Sie sie mit einer **Spezial-Zeckenzange** ganz nahe am Kopf und drehen sie vorsichtig heraus. Die Drehrichtung ist dabei unerheblich. Wenden Sie beim Herausdrehen des Parasiten keine Gewalt an, damit der Zeckenkopf nicht abgerissen wird. Die früher praktizierte Methode, den Parasiten durch Beträufeln mit Öl oder Nagellack zum Loslassen zu bewegen, hat sich als gefährlich erwiesen. Eine so behandelte Zecke gibt kurz vor dem Loslassen noch erhebliche Mengen Sekret in die Bisswunde ab. Dabei besteht eine erhöhte Gefahr der Übertragung von Krankheitserregern. Nach dem Entfernen des Parasiten wird die Bissstelle mit etwas Desinfektionsmittel betupft, um einer Wundinfektion vorzubeugen.

Vorbeugung: Um Zeckenbefall und die Gefahr der Übertragung einer Krankheit erst gar nicht entstehen zu lassen, ist die Vorbeugung besonders **wichtig**. Es gibt inzwischen sehr wirksame Schutzpräparate gegen Zecken, die auch gegen Flohbefall wirken.

Naturheilkunde

Aufgrund der großen Infektionsgefahr über Zeckenbisse (Borreliose, Babesiose) sollten Hunde grundsätzlich nur mit ausgesprochen wirksamen Präparaten vor Zecken geschützt werden. Wirkstoffe aus der Naturheilkunde sind nicht ausreichend wirksam.

Gefahr für den Menschen: Zecken befallen auch den Menschen und können hier ebenfalls Krankheitserreger übertragen. Eine vollgesaugte, vom Hund abgefallene Zecke bedeutet jedoch keine Gefahr, da sie über einen längeren Zeitraum keine neuen Angriffe auf Säugetiere mehr vornehmen wird. Mit dem üblichen Reinigungzyklus unserer Wohnung werden solche Zecken in der Regel rechtzeitig, bevor sie sich einen neuen Wirt suchen, entfernt. Lediglich die noch nicht festgesaugten und im Fell des Hundes noch krabbelnden Parasiten können in der häuslichen Wohnung durch Streicheln oder sonstigen Kontakt vom Hund auf den Menschen übergehen.

Läuse

> ### Leitsymptome
>
> → Unruhe
> → Juckreiz
> → mit Schorf bedeckte Hautwunden

Allgemeines: Diese Hautparasiten sind etwa 1,5-2 mm groß, bräunlichweiß und mit dem bloßen Auge durchaus zu erkennen. Die Entwicklung der Laus vollzieht sich im Gegensatz zum Floh direkt auf dem Hund. Die Eier werden mit einem rasch erstarrenden, wasserunlöslichen Sekret einzeln an die Haare geklebt. Diese sogenannten **Nissen** sind typisch für Läusebefall und geben den betroffenen Hunden ein staubiges, schuppiges Aussehen. Innerhalb 8 bis 10 Tagen schlüpfen aus den Eiern Larven, die sofort Blut saugen und sich über drei Häutungen zu erwachsenen Läusen entwickeln. Die Ansteckung erfolgt von Hund zu Hund sowie über Hundekämme, Bürsten und sonstige Fellpflegeutensilien. Auch in Transportkörben, Polstermöbeln oder in Decken können sich Nissen, Larven und erwachsene Läuse aufhalten.

> ### Naturheilkunde
>
> Aus der Naturheilkunde hat sich **Lavendelöl** gegen Läusebefall bewährt. Fellspülungen mit einer Mischung aus 5 Tropfen Lavendelöl auf etwa ½ Liter Wasser sollten 3 Tage hintereinander und dann nochmals 1 Woche später durchgeführt werden. Achten Sie darauf, dass das Öl gut mit dem Wasser vermischt und nicht konzentriert auf das Fell des Hundes aufgebracht wird. Die Tiere reagieren sonst mit starkem Speicheln und Tränenfluss.

Symptome: Läusebefall ist ein Zeichen für schlechte Haltung und schlechten Gesundheitszustand. Die betroffenen Tiere sind unruhig, kratzen sich ständig und zeigen bei genauerer Untersuchung oft mit Schorf bedeckte Hautwunden.
Therapie: Starker Läusebefall beim Hund ist selten und sollte auf jeden Fall Anlass für eine gründliche Untersuchung des Tieres sein. Oft steckt eine chronische Erkrankung hinter der offensichtlichen Abwehrschwäche des betroffenen Hundes. Zur Abtötung der Parasiten erhalten Sie beim Tierarzt wirksame Präparate. Bei sehr langhaarigen Hunden sollte das Fell geschoren werden.
Vorbeugung: Die beste Vorbeugung gegen Läuse ist ein guter Gesundheitszustand. Hunde sollten nicht mit fremden Bürsten und Kämmen behandelt werden. Bei Spaziergängen ist der Kontakt zu Artgenossen aus sozialen Gründen wünschenswert. Die direkte Übertragung der Parasiten von Hund zu Hund ist daher durchaus möglich. Durch regelmäßige **Kontrolle der Haut und des Fells** (beim Streicheln) können Läuse frühzeitig – bevor es zum Massenbefall kommt – entdeckt und beseitigt werden.
Gefahr für den Menschen: keine. Hundeläuse sind **nicht** auf den Menschen **übertragbar**. Die Kopf- und Kleiderläuse des Menschen sind keine Hundeläuse.

Demodikose

Leitsymptome

→ Haarausfall

→ schuppige Haut, eitrige Hautwunden

Allgemeines: Der Erreger der Demodikose ist eine **Milbe** (*Demodex canis*). Sie lebt in den Haarbälgen des Hundes und verursacht in der Regel keine ausgeprägten Symptome. Die Milben wandern in den ersten Lebenstagen der Welpen während des Saugaktes vom Muttertier auf die Welpen. Die meisten Hunde beher-

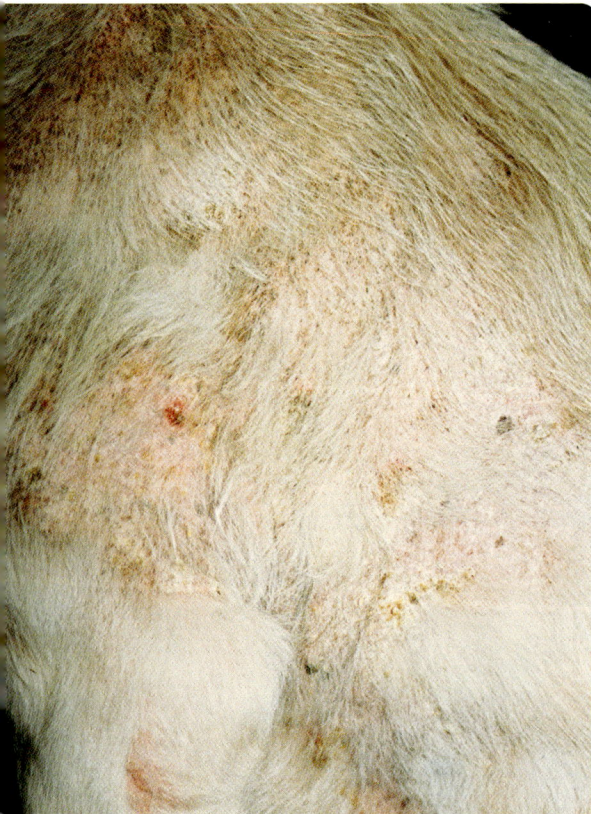

Bei Schwächung der körpereigenen Abwehr kann sich die Demodikose über den ganzen Körper ausdehnen.

bergen einige wenige Demodex-Milben in der Haut. Jedoch erst bei **Schwächung des Immunsystems** kommt es zu einer Vermehrung und zu einer generalisierten (über den ganzen Körper verbreiteten) Hauterkrankung.

Symptome: In den meisten Fällen zeigt sich die Demodikose durch wenige haarlose Stellen im Gesicht, vorwiegend um die Augen („Brillenbildung") und die Nase sowie am Kopf, seltener an den Gliedmaßen. Juckreiz besteht in der Regel nicht. Meist wachsen die Haare an den befallenen Stellen nach einiger Zeit spontan nach. Bei geschwächten, kranken und gestressten Tieren (Tierheim, Besitzerwechsel, schlechte Mensch-Hund-Beziehung) kann diese lokale Form der Demodikose in eine generalisierte, das heißt über den ganzen Körper verteilte Hauterkrankung übergehen. Das Fell wird schütter, die Haut schuppig. Auf die durch die Milben vorgeschädigten Hautflächen setzen sich zusätzlich Eiterbakterien. Es entstehen Pusteln, Krusten und im fortgeschrittenen Stadium großflächige, eitrige Hautentzündungen.

Therapie: Eine harmlose **lokale** Demodikose wird lediglich durch Stärkung des Immunsystems bekämpft. Ziel dabei ist es, eine Generalisierung zu verhindern. Zusätzlich wird der Hund gründlich untersucht, um versteckte und immunschwächende Organerkrankungen auszuschließen. Anders ist es bei der bereits **generalisierten** Form der Hauterkrankung: Gegen diese Erkrankung gibt es eine spezielle Badelösung, mit welcher der Patient mehrmals gebadet werden muss, bis alle Milben abgetötet sind und die Hauterkrankung abklingt. Auch ein Spot-on-Präparat sowie ein Präparat zur Injektion können gegen Demodex eingesetzt werden. Allerdings wird die Injektion nicht von allen Hunderassen vertragen. Gegen eine eitrige Entzündung der Haut helfen hautwirksame Antibiotika. Sie müssen über einen längeren Zeitraum verabreicht werden, um einem Rückfall vorzubeugen.

Ganz besonders wichtig ist auch hier die

Stärkung des Immunsystems. Vitamine und Medikamente zur Steigerung der unspezifischen Abwehrkräfte sind hier die Mittel der Wahl. Da es sich bei der Demodikose um eine durch Immunschwäche ausgelöste Hauterkrankung handelt, sollten Sie nach der Ursache forschen. Ist die Ernährung vollwertig? Wird der Hund artgerecht gehalten? Wird er geliebt und hat er ausreichend Zuwendung? Welche sonstigen Stressfaktoren (z. B. Ausbildung) könnten eine Immunschwäche verursachen und wie können sie vermieden werden?

Vorbeugung: Die beste Vorbeugung gegen Demodikose sind eine artgerechte Haltung, vollwertige Ernährung, regelmäßige tierärztliche Gesundheitskontrolle auf versteckte Organerkrankungen sowie viel Liebe und Zuwendung.

Gefahr für den Menschen: keine.

Räude

Allgemeines: Der Erreger der Räude ist die **Sarkoptes-Milbe**. Die weibliche Milbe gräbt sich in die Haut und legt dort Eier ab. Die Ansteckung erfolgt über direkten Körperkontakt, zum Beispiel wenn Hunde in einem

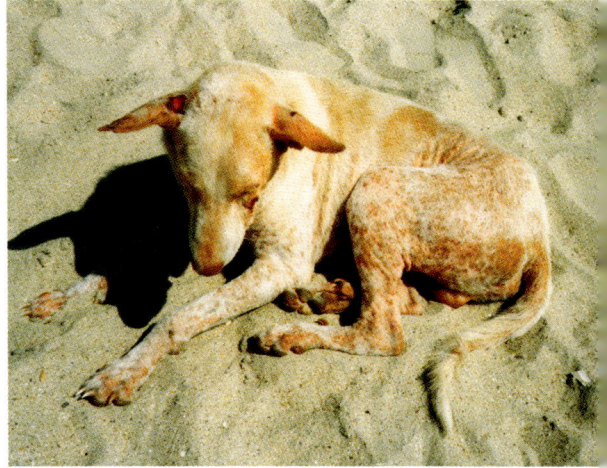

Solche ausgeprägten Räudesymptome sieht man heute nur noch bei wild lebenden Hunden in exotischen Ländern.

engen Verband zusammen leben, zusammen spielen und zusammen schlafen. Wie bei allen parasitären Erkrankungen spielt auch hier der **Zustand des Immunsystems** eine entscheidende Rolle, ob der Kontakt mit Sarkoptes-Milben zu der gefürchteten Räude führt oder ob die Infektion von der körpereigenen Abwehr gestoppt werden kann.

Symptome: Dort, wo die Milbe ihre Gänge gräbt sowie ihre Eier ablegt, reagiert die Haut mit Rötung und Entzündung. Es entsteht extrem starker Juckreiz. Häufig fallen die Haare aus. Die befallenen Hunde kratzen sich Tag und Nacht und fügen sich dadurch zusätzlich Schürf- und Kratzwunden zu. Wie immer lauern auch hier Eiterbakterien auf eine Vorschädigung des Gewebes, um sich dort bequem festsetzen und vermehren zu können. Dadurch entstehen großflächige, eitrige Hautveränderungen (Pyodermien), die meist nur durch eine konsequente und oft langwierige Behandlung geheilt werden können.

Therapie: Dem Tierarzt steht ein wirksames Medikament gegen die Sarkoptes-Milbe zur Verfügung. In der Regel genügen zwei Injektionen im Abstand von 1 Woche. In hartnäckigen Fällen muss die Behandlung wiederholt werden. Bei einigen Hunderassen (z. B. Bobtail und Collie) kann das Medikament zu Unverträglichkeitserscheinungen, in ausgeprägten Fällen sogar zum Tode führen. Bei diesen Hunderassen muss der Tierarzt auf andere Präparate ausweichen.

Gegen die eitrige Hautentzündung helfen hautwirksame Antibiotika, die über einen längeren Zeitraum verabreicht werden müssen. Gleichzeitig sollte die körpereigene Abwehr des Patienten durch geeignete Präparate unterstützt werden.

Vorbeugung: Wie bei allen Erkrankungen ist die **Stärkung der körpereigenen Abwehrkräfte** die beste Vorbeugung. Eine vollwertige Ernährung, artgerechte Haltung sowie viel Liebe und Zuwendung sind Voraussetzungen dafür, dass ein Hund gesund bleibt.

Gefahr für den Menschen: keine.

Naturheilkunde

Hunde, die an Räude erkrankt sind, haben trockene Haut und stumpfes Fell (dort wo es noch nicht ausgefallen ist). Häufig finden sich infizierte Wunden, die durch das ständige Kratzen der Tiere entstanden sind. Hier helfen **Kohlblätter** (*Brassica oleracea*) und **Zaubernuss** (*Hamamelis virginiana*) nach folgendem Rezept:

→ 250 g frische Kohlblätter
→ 50 ml destillierte Zaubernuss (in Apotheken erhältlich)

in einem Haushaltsmixer verquirlen, die Masse abseihen und die entstandene Lotion einmal täglich mit einem Wattebausch dünn auf die betroffenen Hautpartien auftupfen. Die Lotion sollte im Kühlschrank und vor Verschmutzung geschützt maximal 2 Tage aufbewahrt werden.

Herbstgrasmilben

Leitsymptome

→ rötlich-orangefarbene Parasiten auf der Haut
→ Hautentzündungen
→ starker Juckreiz

Allgemeines: Die Larven der Herbstgrasmilben sind gelb bis orangerot, sodass man sie mit bloßem Auge auf der Haut erkennen kann. Im Spätsommer und im Herbst (manchmal auch im Frühjahr) kommt es zu explosionsartiger Vermehrung der Parasiten, vor allem auf Wiesen und Sträuchern. Die **Larven** befallen Hunde, Katzen und auch Menschen. Dabei ritzen sie die obere Hautschicht ihrer Opfer mit den Mundwerkzeugen an und benetzen sie mit Speichel. Der Speichel enthält ein Enzym, welches das Gewebe von Säugetieren verflüssigt. Das entstandene winzig kleine Tröpfchen Speichel/Hautgewebe-Gemisch dient der Larve als Nahrung. Nach etwa 1 Woche sind die Larven vollgesogen, fallen ab und entwi-

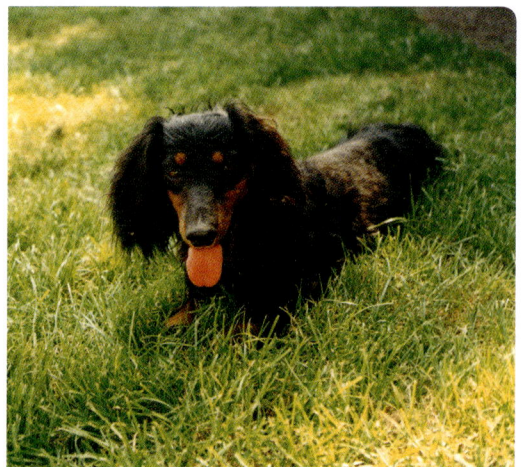

Die Larven der Herbstgrasmilbe lauern im Gras auf ihre Wirte.

ckeln sich zu erwachsenen Milben. Diese leben von da an im Erdboden und ernähren sich von abgestorbenen Pflanzenteilen. Parasiten sind also nur die Larven der Herbstgrasmilbe.

Symptome: Die Larven der Herbstgrasmilbe setzen sich bevorzugt an dünnen Hautstellen wie Zwischenzehenräumen, Augen- und Lippengegend, Nasenrücken, Ohrmuscheln, Zitzen und an der Schwanzspitze des Hundes fest. Natürlich wird eine durch Parasiten geschädigte Haut wund. Es entstehen starker Juckreiz, Rötungen und – durch ständiges Kratzen und Benagen – Entzündungen sowie Hauterkrankungen, die der Räude ähnlich sind.

Therapie: Der Tierarzt verordnet ein Insektizid, das, einmal angewandt, schon Erfolg bringt.

Vorbeugung: Vorbeugend gegen Herbstgrasmilben helfen die gleichen Mittel, die auch gegen Flöhe und Zecken eingesetzt werden.

Gefahr für den Menschen: Herbstgrasmilben können auch den Menschen befallen. Es entstehen juckende Hautentzündungen, die nach einer gründlichen Reinigung der betroffenen Hautstellen mit einem desinfizierenden, juckreizstillenden Präparat schnell wieder verschwinden. Eine Übertragung der Parasiten vom Hund auf den Menschen erfolgt nicht.

Naturheilkunde

Eichenrinde-Abkochung eignet sich auch bei Herbstgrasmilben-Befall, die juckenden und entzündeten Hautstellen zu beruhigen. Die Milben werden dadurch jedoch nicht abgetötet. Zwei Esslöffel Eichenrinde werden in 500 ml Wasser 10 Minuten gekocht und abgeseiht. Bis zum Abklingen des Juckreizes und der Hautrötung sollten die betroffenen Stellen täglich einmal mit einem in diesem Sud getränkten Wattebausch abgetupft werden.

Hautpilze

Leitsymptome

→ Haarausfall, Haarbruch

→ selten Hautentzündungen

Allgemeines: Pilzerkrankungen der Haut, der Nägel bzw. Krallen bei unseren Haustieren werden als **Dermatomykosen** bezeichnet. Die weitaus häufigste Dermatomykose beim Hund wird durch den Fadenpilz *Microsporum canis* verursacht. Die durch diesen Pilz hervorgerufene Hauterkrankung bezeichnet man als **Mikrosporie**. Eine weitere Hauterkrankung wird durch den Pilz *Trichophyton mentagrophytes* verursacht. Diese Erkrankung, deren Erscheinungsbild fast identisch mit dem der Mikrosporie ist, heißt **Trichophytie**. Die Übertragung erfolgt durch direkten Kontakt von Tier zu Tier, aber auch über Gegenstände wie zum Beispiel Decken, Transportboxen, Spielzeug und Pflegeutensilien (Bürsten, Kämme). Die Sporen, das heißt die Dauerformen des Pilzes, bleiben Monate bis Jahre infektionsfähig. Auch Flöhe können den Hautpilz übertragen.

Nicht jeder Hund, der mit Pilzsporen in Berührung kommt, wird auch krank. Gesunde Tiere besitzen in der Regel eine so starke körpereigene Abwehr, dass ihnen der Pilz oder die Pilzsporen auf der Haut und im Fell nichts anhaben können. Solche Tiere sind oft Jahre infiziert, ohne dass irgendwelche Hautveränderungen beobachtet werden. Erst beim Auftreten zusätzlicher **Stressfaktoren** kommt es zur Schwächung der Abwehrmechanismen. Die im Fell haftenden Pilze können sich nun ungestört vermehren und es entsteht eine Hautpilzerkrankung.

Folgende Stressfaktoren spielen häufig eine Rolle:

- **Mangelernährung.** Der Mangel an essentiellen Fettsäuren in der Nahrung erhöht die Anfälligkeit der Haut für Infektionskrankheiten durch Pilze, Bakterien und Parasiten.
- **Versteckte Organerkrankungen.** Erkrankungen des Herzens, der Nieren, der Leber oder anderer innerer Organe können im Anfangsstadium noch unauffällig sein. Der Körper mobilisiert zunächst „alle Kräfte", um die Schwäche zu kompensieren, und hat nun keine Reserven mehr, sich gegen Erreger von außen zu wehren. Dadurch sind den „lauernden" Krankheitserregern, wie zum Beispiel Pilzsporen im Fell, Tür und Tor geöffnet. Sie können sich vermehren und die körpereigene Abwehr überrennen.
- **Wurmbefall.** Hunde mit starkem Wurmbefall haben oft ein struppiges, stumpfes Fell und trockene, spröde Haut – ein idealer Nährboden für Hautpilze.
- **Psychischer Stress.** Unglückliche Tiere bleiben selten gesund, denn auch Unglücklichsein bedeutet Stress. Der Aufenthalt in Tierheimen, eine lieblose Behandlung, Misshandlungen, der Verlust einer Bezugsperson oder auch dauernde Überforderung (z. B. durch unsinnige Ausbildungen), alles dies schwächt die Abwehrkräfte und kann die Entstehung von Hautpilzerkrankungen begünstigen.

Symptome: Sowohl bei der Mikrosporie als auch der Trichophytie kommt es zu Haarausfall. Die Ränder der kahlen Stellen sind durch einen leicht rötlichen Wall begrenzt, die Haare um die Veränderungen herum lassen sich leicht auszupfen. Nicht immer besteht Juckreiz. In einigen Fällen werden auch Bläschen, Schuppen oder Krusten beobachtet.

Therapie: Bei Verdacht auf eine Hautpilzerkrankung sollte immer eine Untersuchung der befallenen Haut und Haare auf Pilzsporen

Zur Diagnose von Mikrosporie werden spezielle Nährböden verwendet.

durchgeführt werden. Vom Tierarzt erhalten Sie bei positivem Ergebnis eine pilzabtötende Flüssigkeit, die Sie zu Hause verdünnt als **Bad** und als **Desinfektionsmittel** verwenden können. In besonders schweren Fällen kann der Tierarzt zusätzlich Tabletten verordnen, die dem Hund über mehrere Wochen verabreicht werden müssen. Sie hemmen das Pilzwachstum von innen heraus. Allerdings sind diese Tabletten für die Leber belastend, sodass es im Ermessen des Tierarztes liegt, ob sie bei einem Patienten eingesetzt werden können.

Zu Hause wird der an Hautpilz erkrankte Hund viermal im Abstand von 2 bis 3 Tagen gebadet. Dabei ist es wichtig, dass das Fell durch und durch mit dem mit Wasser verdünnten pilzabtötenden Medikament durchnässt wird. Um die Augen zu schützen, verwenden Sie eine Vitamin-A-haltige Augensalbe vor dem Baden. Im Anschluss an das Bad wird das Fell nicht mehr ausgespült, sondern nur

Naturheilkunde

Da Hautpilze auch auf den Menschen übertragbar sind, sollte auf jeden Fall die Erkrankung beim Hund durch pilzabtötende Mittel
bekämpft werden. Präparate aus der Naturheilkunde sind nicht ausreichend wirksam,
um die Ansteckungsgefahr für den Menschen
sicher zu beseitigen.

trocken geföhnt. Die Wohnung, die Lager-
stätte und alle Gegenstände, mit denen der
Hund in Berührung gekommen ist, müssen mit
dem gleichen Mittel (in doppelter Konzentration verdünnt) eingesprüht werden. Übliche
Haushaltsdesinfektionsmittel reichen in ihrer
Wirkung nicht aus, um die überaus wider-
standsfähigen Pilzsporen abzutöten.

Wie bereits erwähnt, spielt die körpereigene Abwehr eine entscheidende Rolle im
Krankheitsgeschehen. Es empfiehlt sich daher,
die Abwehrkräfte durch Medikamente zu
mobilisieren.

Vorbeugung: Die Erhaltung eines guten
Gesundheitszustandes durch regelmäßige tierärztliche Untersuchungen, durch vollwertige
Ernährung und durch eine liebevolle Behandlung sind wohl die einzigen Möglichkeiten,
einer Hautpilzerkrankung vorzubeugen.

Gefahr für den Menschen: *Microsporum canis*
und *Trichophyton mentagrophytes* sind auf den
Menschen übertragbar. **Aber keine Panik!**
Auch beim Menschen lässt sich die Krankheit
behandeln. Meist genügt es schon, die veränderten Hautstellen mit einem Antimykotikum
(Präparat zum Abtöten von Hautpilzen) in
Salbenform einzureiben. Gleichzeitig ist die
Stützung der körpereigenen Abwehrkräfte
als Zusatztherapie auch beim Menschen hilfreich.

Allergien und Autoimmunerkrankungen

Leitsymptome

→ Juckreiz

→ Hautrötung, Hautentzündung, Ekzeme

Allgemeines: Allergien sind Überempfindlich-
keitsreaktionen des Körpers auf die verschiedensten Stoffe (Allergene). Man unterscheidet
zwischen **Kontakt-** und **Nahrungsmittelallergie**. Bei der Kontaktallergie wird die überschießende Abwehrreaktion der Haut schon
durch die Berührung mit dem Allergen ausgelöst. Das können ganz verschiedene Substanzen sein, zum Beispiel Pilze, Parasiten (Flöhe,
Milben), Bakterien, Medikamente (Flohhals-
bänder, Salben, Kosmetika), Waschmittel,
Fußboden- oder Möbelpflegemittel, der Kunststoff von Futterschüsseln, Pflanzen und vieles

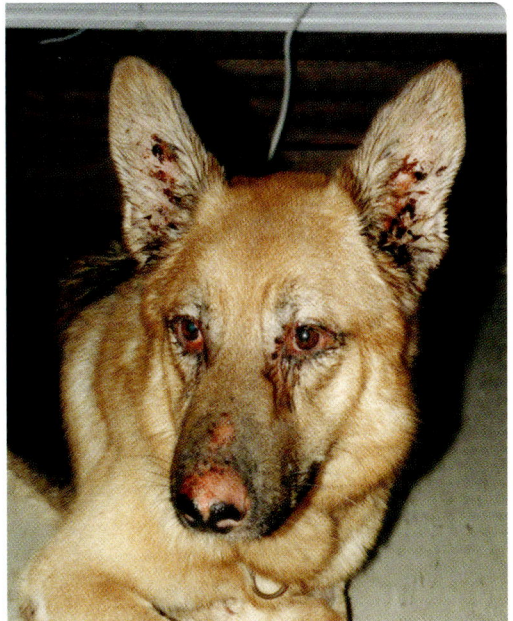

Wenn das Immunsystem verrücktspielt, hat das oft
verheerende Folgen.

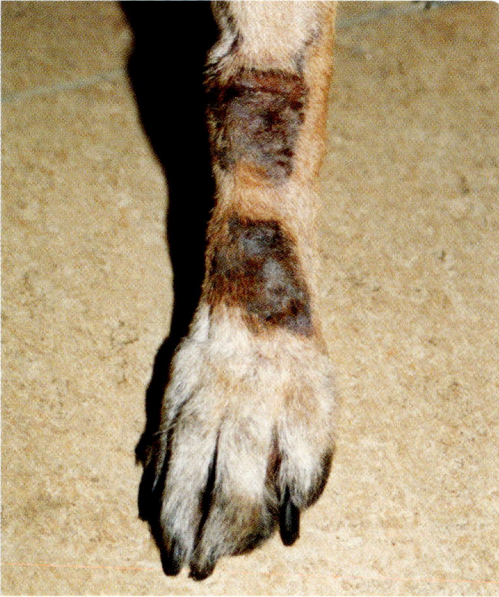

Chronische Entzündung der Haut durch ständiges Benagen aufgrund einer Flohspeichelallergie.

mehr. Unter einer Nahrungsmittelallergie versteht man eine krankhafte Reaktion der Haut oder anderer Organe (Magen-Darm-Trakt) auf Futtermittel oder Futtermittelbestandteile. So können zum Beispiel verschiedene Eiweiße, Kohlenhydrate oder auch Zusatzstoffe wie Geschmacksverstärker, Konservierungsstoffe und Farbstoffe Allergien auslösen. Bei einer **Autoimmunerkrankung** reagiert der Körper gegen eigenes Gewebe, ohne dass ein Allergen von außen die Reaktion hervorruft. Es handelt sich dabei um eine Störung des Immunsystems.

Symptome: Die allergische Hauterkrankung zeigt sich durch leichte Rötung der Haut, durch Pusteln und Krusten bis hin zu schweren, zusätzlich mit Bakterien infizierten Ekzemen. Häufig besteht starker Juckreiz.

Therapie: Die Behandlung richtet sich natürlich nach der Ursache. Es ist aber für den behandelnden Tierarzt unmöglich, allein anhand der Art der Veränderung eine Diagnose zu stellen. Hauterkrankungen sind, vor allem wenn sie schon länger bestehen und sekundär durch Bakterien infiziert sind, nicht ohne Laboruntersuchungen zu unterscheiden. Der Tierarzt muss bei seiner Untersuchung Differentialdiagnosen berücksichtigen, das heißt er muss alle für diese Hautveränderungen ebenfalls in Frage kommenden Krankheiten (z. B. Mangelerscheinungen, Organerkrankungen, Parasiten, Pilze) ausschließen.

Eine häufig angewandte Diagnosemöglichkeit ist die **Hautbiopsie**. Dabei entnimmt der Tierarzt unter örtlicher Betäubung ein kleines Stückchen eines veränderten Hautbezirkes und lässt es histologisch untersuchen. Das so untersuchte Hautstückchen gibt durch ganz spezifische Veränderungen Hinweise auf die Ursache der Erkrankung. Wenn man definitiv weiß, dass es sich um eine Allergie handelt, muss man das auslösende Allergen finden und den Kontakt damit nach Möglichkeit meiden. Das ist Detektivarbeit und fordert vor allem vom Tierbesitzer Beobachtungsgabe, Einsatz und, wie gesagt, viel Geduld. Manchmal helfen auch spezielle **Allergietests**, bei denen verschiedene Allergene auf die Bauchhaut des Hundes aufgetragen werden. Bei einer entstehenden Rötung kann man von einer Allergie gegen das aufgebrachte Allergen ausgehen. In vielen Fällen gelingt es jedoch nicht, den Übeltäter zu finden. Medikamente, welche die überschießende Körperabwehr unterdrücken (z. B. Kortison) kommen dann zum Einsatz und lindern die Beschwerden des Patienten.

Autoimmunerkrankungen sind schwer zu behandeln. Erfolge werden meist nur mit Medikamenten erzielt, die das Immunsystem dämpfen (z. B. Kortison). Es gibt inzwischen sehr gut verträgliche Kortison-Präparate, die, über lange Zeit (auch Jahre!) dem Hund als Depot-Injektion oder Tabletten verabreicht, ohne gravierende Nebenwirkungen die Lebensfreude des Patienten wieder herstellen und erhalten.

Vorbeugung: Vorbeugemaßnahmen zur Vermeidung einer krankhaften Entgleisung des

Immunsystems sind nicht bekannt. Um zu verhindern, dass die Neigung zur Allergie oder zu einer Autoimmunerkrankung weitervererbt wird, sollte mit Hunden, bei denen solche Krankheiten aufgetreten sind, grundsätzlich nicht gezüchtet werden.
Gefahr für den Menschen: keine.

Naturheilkunde

Wenn die Diagnose Allergie oder Autoimmunerkrankung gesichert ist, kann man durch Naturheilverfahren viel erreichen. Gute Erfolge wurden durch **Eigenblutbehandlungen** erzielt. Dabei entnimmt der Tierarzt dem Patienten Blut aus der Vene und spritzt dieses dann sofort, eventuell angereichert mit einem Pflanzenpräparat, dem Tier unter die Haut. Durch dieses Verfahren entsteht ein Reiz auf das Immunsystem, wodurch häufig eine Umstimmung und damit eine Normalisierung der Abwehr erreicht wird.
Süßholz (*Glyzyrrhiza glabra*) wird bei Allergien seit alters her eingesetzt. Gut bekannt ist der getrocknete Extrakt aus der Süßholzwurzel als Lakritze. Die entzündungshemmende und antiallergische Wirkung von Süßholz ähnelt der des Kortisons. Damit eignet sich die Anwendung von Süßholz auch als Begleittherapie bei notwendigem Kortisoneinsatz zur Verringerung der anzuwendenden Kortisonmenge. Verwenden Sie für den Hund eine Abkochung von Süßholz. Die Wurzeln (Sie erhalten sie in der Apotheke) werden etwa 20 Minuten in Wasser gekocht. Die abgekühlte Flüssigkeit (1 Tasse pro 10 kg Körpergewicht am Tag) wird mit dem Futter vermischt. **Vorsicht:** Verwenden Sie Süßholz nicht bei Hunden mit Herzminderleistung und damit verbundenem Wasserstau, da Süßholz die Einlagerung von Wasser im Gewebe fördert.

Ernährungsfehler

Leitsymptome

→ Juckreiz

→ Hautveränderungen, Ekzeme

Allgemeines: Aufgrund von Ernährungsfehlern können beim Hund unter anderem auch Hauterkrankungen auftreten. Vor allem Welpen großwüchsiger Rassen (Deutscher Schäferhund, Deutsch Kurzhaar, Rhodesian Ridgeback, Mittel- und Großpudel, Dobermann, Dänische Dogge) reagieren sehr empfindlich auf Fehlernährung während der Wachstumsphase. Nicht selten wird, um alles richtig zu machen, „des Guten" übertrieben. So entsteht bei übermäßiger Mineralstoff- und Vitaminzufuhr in Form von Pulver oder Tabletten bei den genannten Rassen ein Zinkmangel. Man vermutet, dass die überschüssigen Mineralstoffe und Vitamine die Aufnahmefähigkeit des Körpers für Zink aus der Nahrung vermindern. Es entsteht eine **zinkreaktive Dermatose** (Hauterkrankung). Eine ähnliche Hautkrankheit findet man bei Hunden, die über einen relativ kurzen Zeitraum (2 bis 4 Wochen) nur mit Billigfertigfutter ernährt werden. Auch hier wird unter anderem ein Zinkmangelsyndrom vermutet.

Der **Mangel an essentiellen (lebensnotwendigen) Fettsäuren** ist ein häufiges Problem bei überwiegender Fütterung mit ungenügend haltbarem Trockenfutter. Da die Konservierung von Trockenfutter sehr schwierig ist, werden vor allem bei Lagerungen in der Sonne, in warmen Supermärkten oder in der Wohnung die darin enthaltenen Fette sehr schnell ranzig. Zur Gesunderhaltung der Haut- und Fellfunktion benötigt der Hund jedoch ausreichende Mengen ungesättigter Fettsäuren. Diese sind in dem Trockenfutter nicht mehr enthalten. Das ranzige Fett schädigt zudem die Leber.

Bei Hauterkrankungen, die durch Ernährungsfehler entstehen, besteht keine Ansteckungsgefahr.

Symptome: Bei der zinkreaktiven Dermatose sowie dem Billigfertigfuttersyndrom entstehen vor allem um die Lippen, am Kinn, um die Augen sowie an Körperöffnungen (Vulva = weibliche Scham, Präputium = Vorhaut, Ohren) Rötungen, Schuppen und Krusten, unter denen sich Eiter bildet. Das Fell ist stumpf. An den Ellbogen und an anderen Gelenksflächen, die beim Liegen Druck ausgesetzt sind, bilden sich dicke Verhornungen, die sich leicht entzünden.

Therapie: Der Tierarzt wird anhand einer Blutuntersuchung feststellen, ob ein Mineralstoffungleichgewicht sowie ein Zinkmangel vorliegen. Mineralstoff-, Vitamin- und Zinkpräparate dürfen nur nach Verordnung des Tierarztes in der für das Tier angemessenen Menge verabreicht werden. Auf keinen Fall sollten Sie solche Zusatzfutterstoffe wahllos im Tierhandel kaufen und Ihrem Hund verfüttern. „Viel" nützt in diesem Fall nicht viel, sondern schadet eher. Der Mangel an ungesättigten Fettsäuren kann durch geeignete Medikamente oder einen Esslöffel kalt gepresstes Pflanzenöl täglich (mit dem Futter vermischen) ausgeglichen werden.

Vorbeugung: Als Vorbeugung gegen ernährungsbedingte Hauterkrankungen empfiehlt sich eine **abwechslungsreiche und vollwertige Ernährung** sowie der Verzicht auf Trockenfutter. Chronische Durchfallerkrankungen sowie eine Bauchspeicheldrüsenunterfunktion sollten immer tierärztlich behandelt werden, um Mangelerscheinungen zu vermeiden.

Gefahr für den Menschen: keine.

Naturheilkunde

Bei Mangelerscheinungen helfen keine Mittel aus der Naturheilkunde. Der Mangel muss beseitigt werden, um die daraus entstehenden Hautveränderungen zu beeinflussen.

Hormonell bedingte Hautkrankheiten

Leitsymptome

→ Schwarzfärbung der Haut

→ symmetrischer Haarausfall

→ überlanges seidiges Fell

Allgemeines und Symptome: Eine Schwarzfärbung der Haut am Bauch, im Innenbereich der Schenkel sowie auf dem Rücken mit Haarausfall findet sich häufig im Zusammenhang mit **Hodentumoren**. Vor allem kryptorchide (nicht abgestiegene, in der Bauchhöhle verbliebene) Hoden neigen zur Entartung und produzieren dann weibliche Hormone, die für diese Haut- und Fellstörungen beim Rüden verantwortlich gemacht werden. Bei weiblichen Tieren mit **Eierstockszysten** entwickelt sich oft ein symmetrischer Haarausfall an den Flanken und Oberschenkeln. Auch diese Veränderung ist auf Hormonstörungen zurückzuführen.

Als relativ seltene **Nebenwirkung der Kastration** bei der Hündin beginnt das Fell der Hündin übermäßig lang zu wachsen. Die Haare werden flauschig weich, ähnlich wie das Fell von Welpen. Besonders langhaarige Rassen, wie zum Beispiel Afghanen und Cockerspaniel, sind dazu prädestiniert. Diese Veränderungen sind jedoch nicht krankhaft und lediglich als „Schönheitsfehler" zu werten.

Bei einer **Schilddrüsenunterfunktion** sind Haut- und Fellveränderungen typisch: beidseitiger symmetrischer Haarausfall, stumpfes, trockenes Fell, leicht auszupfbare Haare, die nach dem Scheren nicht mehr nachwachsen, schlechte Wundheilung sowie häufig eitrige Entzündungen mit Krusten und Schuppen. Veränderungen von Haut und Fell aufgrund von Hormonstörungen sind nicht ansteckend.

Übermäßiges Wachstum von weichem, seidigem „Babyfell" als Nebenwirkung der Kastration.

Ähnliche Hautveränderungen findet man auch beim Cushing-Syndrom, einer Erkrankung der Nebenniere mit überschießender Produktion von Kortison.

Die beschriebenen Haut- und Fellerkrankungen sind fortschreitend, wenn die Grundkrankheit nicht behandelt wird.

Therapie: Hodentumoren sowie Eierstockszysten müssen chirurgisch behandelt werden, um die Hormonstörungen zu beseitigen. Die Schilddrüsenunterfunktion sowie das Cushing-Syndrom können mit Tabletten therapiert werden.

Vorbeugung: Es gibt keine vorbeugenden Maßnahmen, die vor der Entstehung hormoneller Entgleisungen schützen. Eine regelmäßige tierärztliche Gesundheitskontrolle (am besten einmal im Jahr beim Impftermin) hilft, versteckte Erkrankungen im Anfangsstadium zu erkennen, bevor schwere Schädigungen von Haut und Fell auftreten.

Gefahr für den Menschen: keine.

Naturheilkunde

Zur Unterstützung der schulmedizinischen Therapie hat sich zur Behandlung hormoneller Störungen bei der Hündin (Eierstockszysten, Hormonstörungen aufgrund einer Kastration) die Anwendung der **gewöhnlichen Küchenschelle** (*Pulsatilla vulgaris*) bewährt. Den Extrakt aus dieser Heilpflanze erhalten Sie in Tropfenform bei Ihrem Apotheker oder beim Tierarzt. Ein Tropfen pro kg Körpergewicht werden der Hündin mit etwas Wasser verdünnt direkt in die Maulhöhle oder ins Futter gegeben.

Hautveränderungen aufgrund eines Hodentumors, einer Schilddrüsenerkrankung oder eines Cushing-Syndroms können nicht mit Naturheilpräparaten beeinflusst werden. Sie sollten, um das Leben des Patienten zu retten, frühzeitig operiert bzw. mit schulmedizinischen Methoden bekämpft werden.

Krankheiten des Verdauungstraktes

Unter Verdauung versteht man die Prozesse der Zerkleinerung der Nahrung, des Abbaus der Nahrungsbestandteile (Eiweiße, Kohlenhydrate, Fette) in kleinste Teilchen und deren Verwendung zum Aufbau körpereigener Substanzen sowie zur Energiegewinnung. Viele Organe sind an der Verdauung beteiligt:
- Zähne und Speicheldrüsen
- Magen
- Darm
- Leber
- Bauchspeicheldrüse

Alle diese Organe können erkranken, was zu Störungen des gesamten Verdauungssystems führt.

Zähne und Zahnfleisch

Zahnstein

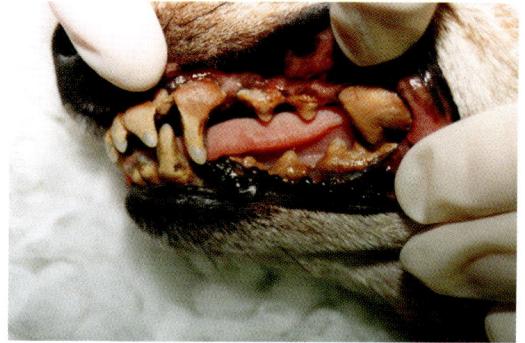

Zahnstein verursacht Zahnfleischentzündungen und führt zum Verlust der Zähne.

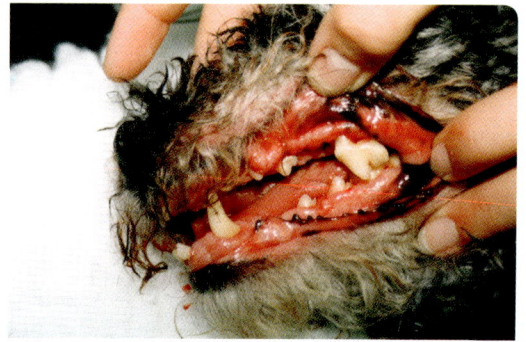

Bei diesem Hund konnten einige Zähne nicht mehr gerettet werden.

Leitsymptome

→ übler Geruch aus dem Maul
→ bräunliche Beläge auf den Zähnen
→ Zahnfleischentzündung

Allgemeines: Bei vielen Hunden, die routinemäßig vom Tierarzt untersucht werden, finden sich starke Zahnbeläge und Zahnstein. Ursache dafür ist die überwiegende Ernährung mit Weichfutter sowie mangelnde Zahnhygiene. Für den weichen Nahrungsbrei aus der Dose brauchen die Tiere eigentlich keine Zähne. Der Selbstreinigungsprozess durch Reibung, wie beim Zerkleinern großer Stücke Fleisch oder Knochen, wird durch Dosennahrung nicht in Gang gesetzt. Die Folge davon sind Zahnbeläge. Sie werden als **Plaque** bezeichnet. Plaque besteht aus Nahrungsresten, abgestorbenen Zellen der Schleimhaut des Mauls sowie Schmutzpartikeln. Bei mikrobiologischen Untersuchungen von Hundegebissen wurden zusätzlich auch Eiterbakterien (Streptokokken, Staphylokokken) im Plaque massenweise nachgewiesen. Durch Einlagerung von Mineralien aus dem Speichel wird der zunächst weiche Zahnbelag zu hartem Zahnstein.

Symptome: Plaque und Zahnstein sind die Hauptursachen für Zahnfleischentzündungen, Paradontose und Zahnverluste bei Hunden. Bakterien und die mechanische Reizung durch den harten Zahnstein führen vor allem am Zahnfleischsaum in kurzer Zeit zu Entzündungen (Gingivitis). Durch die Entzündung und Schwellung entstehen Zahnfleischtaschen, in die sich weiter Plaque und Zahnstein einlagern. Schwere Paradontose, die Zerstörung

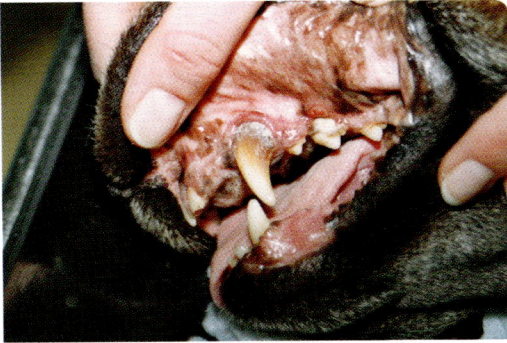

Wurzelentzündungen bei Eckzähnen (Canini) können in die Nasenhöhle durchbrechen.

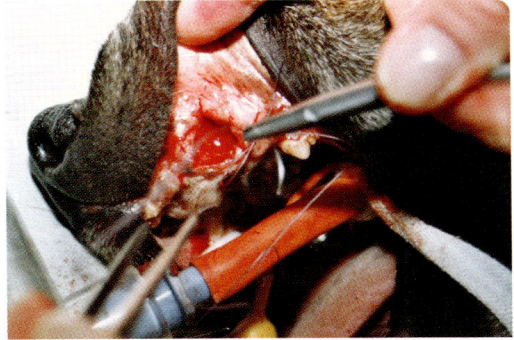

Durch die Extraktion eines Eckzahns entsteht eine große Wunde.

des Zahnhalteapparates und letztlich der Verlust der Zähne sind die Folgen. Während des ganzen Krankheitsverlaufes hat der Hund Schmerzen!

Es sind vor allem **Hunde kleiner Rassen** stark betroffen. Manche Tiere müssen mit massiv entzündetem Zahnfleisch, eitrigen Zahnwurzeln und lockeren Zähnen jahrelang leben, bis sie irgendwann einmal vor Schmerzen die Futteraufnahme ganz einstellen und endlich zum Tierarzt gebracht werden. Dann sind jedoch oft viele der Zähne nicht mehr zu retten und müssen gezogen werden.

Sind die Wurzeln des Backenzahns P4 im Oberkiefer vereitert, entsteht manchmal unter dem Auge der betroffenen Seite eine schmerzhafte Schwellung. Es handelt sich dabei um eine **Fistel**, die von der erkrankten Zahnwurzel ausgeht. Sie bricht häufig nach außen auf und es entleert sich eitriges Sekret. Oft findet man bei vernachlässigten Gebissen auch schwerste Paradontose und Entzündungen im Bereich der Eckzähne (Canini). Zwischen den Wurzeln der Canini und der **Nasenhöhle** befindet sich lediglich eine papierdünne Wand. Sind die Wurzeln der Eckzähne vereitert, ist diese Wand oft am Entzündungsprozess beteiligt. Vielfach bricht sie durch und den Tieren läuft Eiter und Blut aus dem Nasenloch der betroffenen Seite. Spätestens dann, wenn solche Symptome auftreten, wird jeder Hundefreund

einen Tierarzt aufsuchen, um seinen vierbeinigen Freund von den Schmerzen zu befreien.

Ein über Jahre vernachlässigtes Gebiss mit chronischen Entzündungen des Zahnfleisches belastet den gesamten Organismus. In die Blutbahn ausgeschwemmte Eiterbakterien können für **Herz- und Nierenerkrankungen** verantwortlich sein.

Therapie: Wird Zahnstein festgestellt, sollte er so schnell wie möglich entfernt werden, bevor große Schäden entstehen. Bei kooperativen Hunden und wenig Zahnstein kann das während der Sprechstunde ohne Narkose erfolgen. Sehr starke Zahnsteinbildung und widerspenstige Patienten erfordern jedoch eine Narkose. Um das Narkoserisiko zu verringern, sollte bei Tieren über 6 Jahren grundsätzlich vorher eine Blutuntersuchung durchgeführt werden. Bisher unauffällig gebliebene Leber- und Nierenerkrankungen können damit erkannt und bei der Narkosedosierung berücksichtigt werden. Vor jeder Narkose wird die Funktion des Herzens durch Abhören (Auskultation) kontrolliert. Unter der Anästhesie wird das Gebiss gereinigt und jeder Zahn maschinell poliert. Das ist ein sehr zeitaufwändiges Verfahren und nicht ganz billig. Vorbeugende Maßnahmen, um die Bildung von Zahnstein von vornherein zu verhindern, lohnen sich daher nicht nur für das Wohlergehen des Hundes, sondern auch für den Geldbeutel des Tierbe-

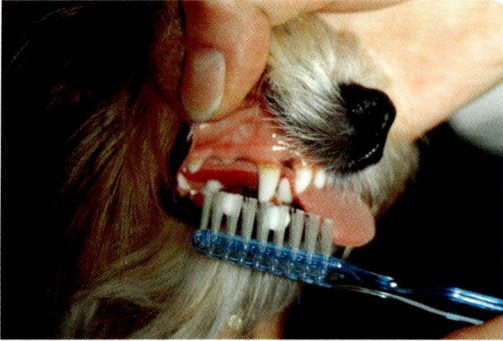

Zähneputzen ist bei vielen Hunden erforderlich, um die Bildung von Zahnstein zu verhindern.

Zähne von klein auf gereinigt werden, da diese Hunde, wahrscheinlich erblich bedingt sehr zu Zahnstein neigen. Die richtige Ernährung reicht als Vorbeugemaßnahme oft nicht aus. Es gibt beim Tierarzt spezielle Zahnpasta in verschiedenen Geschmacksrichtungen, die vom Hund abgeschluckt werden kann. Beginnen Sie mit einer solchen **Zahnpflege** schon im Welpenalter, damit die Prozedur für den kleinen Hund von Anfang an zum Leben dazugehört. Es ist ganz einfach: Legen Sie die Hand um den Kopf des Hundes und schließen Sie

sitzers. Ist Zahnstein erst einmal entstanden, kann der Hundehalter kaum mehr etwas ausrichten. Die harten Beläge können in der Regel nur mit zahnmedizinischen Werkzeugen sicher entfernt werden. Bei Zahnstein ist daher ein Tierarztbesuch unerlässlich.

Vorbeugung: Das Gebiss des Hundes verfügt über einen besonders guten Selbstreinigungsmechanismus. Zur Selbstreinigung bedarf es jedoch einer artgerechten Ernährung. Große Futterstücke werden zum Beispiel mit den Backenzähnen in schluckgerechte Stücke gebissen. Der Hund legt dazu den Kopf etwas seitlich auf das zu zerkleinernde Fleischstück und bewegt den Unterkiefer scherenförmig auf und nieder. Dabei werden die Seitenflächen der Zähne durch Reibung von Belägen befreit. Der nun einsetzende Speichelfluss schwemmt die Beläge weg und reinigt auch die Zahnzwischenräume.

Bei Hunden, die regelmäßig Kalbsknochen und Knorpel fressen oder das Futter in Form großer Fleischstücke erhalten, erübrigt sich in der Regel eine spezielle, vom Besitzer durchgeführte Zahnpflege. Lediglich an den Eckzähnen muss möglicherweise ab und zu etwas Zahnstein entfernt werden. Wenn es sich nur um wenig Zahnstein handelt, gelingt das recht gut mit dem Fingernagel des Daumens.

Bei Hunden kleinwüchsiger Rassen (Yorkshire, Zwergpudel, Papillon u. a.) sollten die

Naturheilkunde

Präparate aus der Naturheilkunde zur Ablösung von festem Zahnstein sind nicht bekannt. **Eichenrinden-Abkochungen** und **Salbeitee** können zum Betupfen oder Einreiben von entzündetem Zahnfleisch verwendet werden. Neben den entzündungshemmenden Eigenschaften wirken diese Substanzen adstringierend (zusammenziehend) und leicht schmerzlindernd.

Eichenrinde wird 20 Minuten in Wasser gekocht und abgeseiht. Salbei sollten Sie mit kochendem Wasser übergießen und dann 10 Minuten ziehen lassen. Zum Auftragen der abgekühlten Arzneimittelzubereitung auf das entzündete Zahnfleisch eignet sich ein weicher Wattebausch.

Zahnfleischpinselungen mit einer Tinktur aus **Blutwurz**, **Arnika** und **Myrrhe** haben sich bei chronischen Entzündungen in der Maulhöhle bewährt. Der Apotheker kann sie Ihnen nach folgendem Rezept herstellen:

Rp.
Tinct. Tormentillae
Tinct. Arnicae aa 20,0
oder
Rp.
Tinct. Tormentillae
Tinct. Myrrhae aa 20,0

ihm das Maul, indem sie den Unterkiefer mit den Fingern nach oben drücken. Ziehen Sie die Lefze des Hundes mit dem Daumen hoch und schieben Sie die feuchte, mit Zahnpaste behaftete Bürste zwischen Backen und Zähne. Bürsten Sie die Außenseite der Backenzähne besonders gründlich. Hier sind die Hauptansatzstellen von Plaque. An den Innenflächen der Zähne bildet sich in der Regel nur wenig Zahnstein. Dennoch empfiehlt es sich, auch dort zu bürsten. Dazu müssen Sie das Maul des Hundes vorsichtig öffnen, indem Sie mit Daumen und Zeigefinger über den Nasenrücken greifend die Lefzen rechts und links der Maulhöhle ganz leicht eindrücken.
Gefahr für den Menschen: keine.

Persistierende Milchzähne

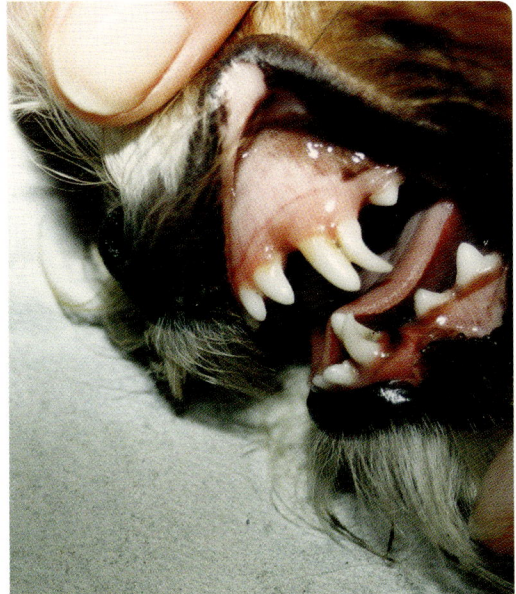

Persistierende Milchzähne müssen gezogen werden.

Leitsymtom

→ gleichzeitiges Auftreten von Milch- und bleibenden Zähnen im Maul

Allgemeines: Der Durchbruch der Milchzähne sowie deren Ersatz durch die bleibenden Zähne ist ein komplizierter Vorgang, der nicht immer ohne Störungen verläuft. Auch Milchzähne haben vollständig ausgebildete Wurzeln. Wenn der Zahnkeim des bleibenden Zahnes darunter zu wachsen beginnt, übt er Druck auf die Zahnwurzel des Milchzahnes aus, wodurch dieser locker wird und nach einiger Zeit ausfällt. Vor allem bei kleineren Hunderassen ist häufig ein gestörter Zahnwechsel zu beobachten. Der bleibende Zahn wächst seitlich des Milchzahnes, ohne Druck auf dessen Wurzel ausüben zu können. Diese Störung findet man vor allem an den Eckzähnen, die dann doppelt vorhanden sind. Man spricht von persistierenden (bleibenden) Milchzähnen. Die Neigung zu solchen Anomalien kann vererbt werden.

Symptome: Persistierende Milchzähne stören das Wachstum der nachfolgenden Zähne, indem sie ihnen keinen Platz lassen und sie abdrängen. Die Folgen sind Zahnstellungsanomalien. So werden zum Beispiel die bleibenden Eckzähne (Canini) in manchen Fällen so von ihrem eigentlichen Platz verschoben, dass sie in den gegenüberliegenden Kiefer einbeißen. Eine solche Fehlstellung nennt man **Mandibula angusta**. An den Einbissstellen entstehen Entzündungen und natürlich kommt es auch zu Schmerzen. Aufgrund der Engstellung durch die zusätzlichen Zähne bleiben zwischen diesen häufig über längere Zeit Futterreste im Gebiss stecken. Zahnfleischentzündungen mit Paradontose sind die Folgen.
Therapie: Persistierende Milchzähne müssen grundsätzlich gezogen werden. Da sie eine relativ lange Wurzel haben und in der Regel sehr fest sitzen, ist dazu eine Narkose erforderlich. Wenn bereits gravierende Fehlstellungen der bleibenden Zähne entstanden sind (z. B. Mandibula angusta), kann der Tierarzt durch eine kieferorthopädische Schiene

Abhilfe schaffen. Es gibt Fachtierärzte für Zahnheilkunde, die solche Stellungskorrekturen durchführen können.

Gefahr für den Menschen: keine.

Manchmal gelingt es, durch vorsichtiges tägliches Wackeln an den unerwünschten Milchzähnen, diese zu lockern und zum Ausfallen zu bewegen. Nehmen Sie den Zahn zwischen Daumen und Zeigefinger und ruckeln sie vorsichtig hin und her. Der Druck darf aber nicht zu fest sein. Es besteht sonst die Gefahr, dass der Zahn abbricht. Wenn sich durch diese Behandlung nach zwei Wochen kein Erfolg einstellt, muss der Milchzahn durch einen Tierarzt entfernt werden.

Vorbeugung: Da bei manchen Hunderassen persistierende Milchzähne gehäuft auftreten, empfiehlt es sich, als verantwortungsvoller Züchter besonders auf die Ausmerzung dieses Fehlers zu achten. Mit Tieren, die Zahnwechselanomalien aufweisen, sollte dann nicht gezüchtet werden.

Abgebrochene Zähne

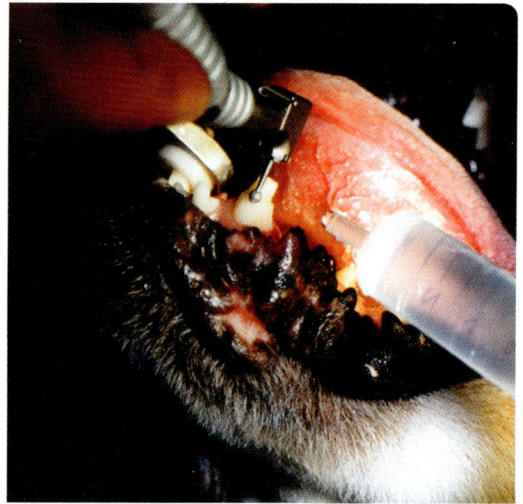

Abgebrochene Zähne müssen zahnmedizinisch versorgt werden.

> **Leitsymtome**
>
> → Zahnstümpfe
> → gesplitterte Zahnkronen

Allgemeines: Sind die bleibenden Zähne vollständig durchgebrochen, ändert sich ihre äußere Form kaum mehr. Im Inneren jedoch wird zeitlebens Dentin, eine relativ weiche Zahnsubstanz, gebildet und angelagert. Dadurch wird im Laufe der Zeit der Zahnkanal, in dem die Blutgefäße und der Nerv verlaufen, immer enger. Der Zahn wird insgesamt stabiler. Bis zum 2. Lebensjahr ist der Zahnkanal jedoch noch so weit, dass die Zähne bei übermäßiger Belastung abbrechen können.

Symptome: Die Wurzeln eines Hundeszahnes reichen sehr weit in die Kieferknochen hinein.

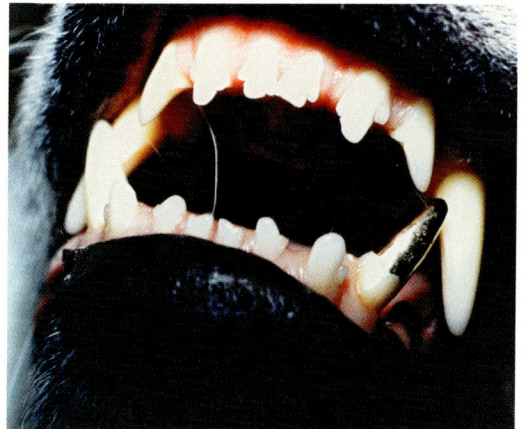

Eine Krone aus Gold ist stabil und erfüllt die Funktion eines gesunden Zahns.

Bei den Eckzähnen ist das Verhältnis des sichtbaren Zahnanteils zu dem im Kiefer verborgenen Teil etwa 1:3, das heißt zwei Drittel sind nicht sichtbar. Bricht ein solcher Zahn ab, liegt der Zahnkanal, in dem sich Blutgefäße und der Nerv befinden, offen. Futterreste und Krankheitserreger können ungehindert hineingelangen. Im Zahn entsteht eine **Entzündung,** durch die der Nerv geschädigt wird und sogar absterben kann. Dieser Vorgang dauert in der Regel ein paar Tage und ist sehr schmerzhaft. Ist der Nerv abgestorben, verschwinden die Schmerzen vorübergehend. Die Entzündung bleibt jedoch bestehen, sie wird chronisch, zunächst ohne auffallende Symptome. Solche chronischen Entzündungen sind häufig durch Ausschwemmung von Eitererregern in die Blutbahn verantwortlich für **Herz- und Nierenerkrankungen**. Erst später, manchmal erst nach Jahren, lockern sich die betroffenen Zähne aufgrund der ständigen Entzündung im Wurzelkanal. Es bilden sich **Fisteln und Abszesse**. Der Hund leidet unter Schmerzen.

Therapie: Abgebrochene Zähne müssen zahnmedizinisch versorgt werden. Der Tierarzt wird den Wurzelkanal reinigen und durch eine Wurzel- und Deckfüllung abdichten. Sind mehrwurzelige Zähne betroffen (es gibt im Hundegebiss ein-, zwei- und dreiwurzelige Zähne), müssen immer **alle** Wurzeln eines Zahnes behandelt werden, da sie untereinander in Verbindung stehen. Dies gilt auch dann, wenn nur ein Teil eines solchen Zahnes abgebrochen ist. Es ist ebenfalls möglich, über dem abgebrochenen Zahn eine Krone zu befestigen. Vorher muss jedoch der Wurzelkanal wie beschrieben saniert werden.

Vorbeugung: Vermeiden Sie bei Hunden bis zum 2. Lebensjahr Spiele, bei denen er schwere Gegenstände apportieren muss. Auch „Zugspiele" mit Seilen, Stoff oder sonstigen Gegenständen sollten nur so gespielt werden, dass kein übermäßiger Zug auf das Gebiss ausgeübt wird. Achten Sie darauf, dass Ihr Hund grundsätzlich keine Steine herumschleppt. Durch Tragen von Steinen, Auffangen von Steinen in der Luft beim Spiel oder Tauchen nach Steinen werden Hundezähne häufig beschädigt. Neigungen zu solchen Spielen sollten Sie von klein auf unterbinden.

Gefahr für den Menschen: keine.

Karies

Leitsymptom

→ schwärzliche Zahnschmelzdefekte

Allgemeines: Karies tritt bei Hunden, im Gegensatz zum Menschen, sehr selten auf. Man nimmt an, dass die Selbstreinigungskräfte durch die glatte Form der Hundezähne effektiver sind. Menschliche Zähne haben im Vergleich zu Hundezähnen viel mehr Rillen und Kerben. Wenn in seltenen Fällen dennoch Karies beim Hund entsteht, sind in der Regel nur die ersten Backenzähne (M1) des Oberkiefers betroffen. Er hat eine zentrale Grube, in den sich der gegenüberliegende Zahn des Unterkiefers hinein beißt. Man vermutet, dass diese mechanische Dauerbelastung eine gewisse Anfälligkeit für Karies erzeugt. Anders ist es mit beschädigten Zähnen. Durch Spielen mit Steinen oder gebrauchten Tennisbällen, die auf Sandplätzen verwendet wurden, wird der Zahnschmelz oft so weit abgerieben, dass das Dentin, eine relativ weiche Zahnsubstanz, freigelegt wird. Auch Hunde, die als Welpen an Staupe erkrankten, haben ausgeprägte Zahnschmelzdefekte. An diesen Stellen kann sich Karies bilden.

Symptome: Karies „zerfrisst" die Zahnsubstanz, es entstehen Löcher und Krater. Die Blutgefäße sowie der Zahnnerv sterben ab. Eitererreger verursachen eitrige Entzündungen im Wurzelbereich und im Kiefer. Die Tiere leiden unter Schmerzen. Tiere zeigen bei chronischen Schmerzen selten auffällige Reaktionen. Das bedeutet jedoch nicht, dass keine Schmerzen vorhanden sind. Erst wenn der Schmerz überhandnimmt, wird die Futteraufnahme eingestellt. Häufig findet man an den Zähnen der erkrankten Seite im Gegensatz zur anderen Seite verstärkte Zahnsteinbildung. Das deutet darauf hin, dass der Hund einseitig kaut, um dem Schmerz auszuweichen. Werden die Zähne saniert, kann man

meist augenblicklich eine Steigerung der Lebensfreude beobachten. Auch das zeigt, wie sehr das Tier durch Zahnschmerzen beeinträchtigt war.
Therapie: Typisch für Karies ist, dass sein Ausmaß von außen nur selten abzuschätzen ist. Er breitet sich meist unter der Schmelzoberfläche unterminierend aus. Der Tierarzt kann daher oft erst beim Bohren entscheiden, welche Behandlung erforderlich ist. Wenn der Zahnkanal nicht durch den Kariesbefall offen liegt, genügt nach dem Entfernen von Karies der Verschluss (Plombieren) des Defektes. Der so behandelte Zahn bleibt lebendig. Liegt der Kanal offen, muss eine Wurzelkanalbehandlung durchgeführt werden. In diesem Fall ist der betroffene Zahn abgestorben. Er kann jedoch nach korrekter zahnärztlicher Behandlung noch lange seine Funktion erfüllen. Wenn ein Zahn jedoch von Karies regelrecht zerfressen ist, bleibt nur noch die Extraktion (Ziehen des Zahnes).
Vorbeugung: Eine **artgerechte Ernährung** (Fleisch, Kalbsknochen) sowie **Zahnhygiene** (Zähneputzen) reinigen das Gebiss und verhindern die Entstehung von Karies. Das Spielen mit zahnschädigenden Gegenständen (z. B. Steinen, auf Sand eingesetzten Tennisbällen) sollte unterbunden werden. Regelmäßige Kontrollen des Gebisses, vor allem bei geschädigtem Zahnschmelz, helfen, Karies im Frühstadium zu erkennen, bevor es für eine zahnerhaltende Therapie zu spät ist.
Gefahr für den Menschen: keine.

Naturheilkunde

Grüner Tee hilft Karies zu verhindern. Hunde, die bereits wegen Karies behandelt werden mussten oder Zahnschmelzdefekte aufweisen, sollten einmal täglich mit grünem Tee behandelt werden. Brühen Sie den Tee auf und lassen Sie ihn 10 Minuten ziehen. Tränken Sie einen Wattebausch mit dem abgekühlten Tee und tupfen Sie das Gebiss des Hundes damit ab.

Epulis

Leitsymptome

→ Zahnfleischwucherungen
→ Zahnfleischentzündung

Allgemeines: Epulis ist eine (vorwiegend bei jungen Hunden vorkommende) gutartige, warzenartige **Zahnfleischwucherung.** Die Veränderungen können glatt oder höckrig sein, einzeln oder verstreut vorkommen. Man unterscheidet:
- **Echte Epulis.** Die Wucherungen der echten Epulis sind gutartige Tumoren, die vereinzelt oder in großer Zahl über das Zahnfleisch verteilt auftreten können. Die Zahnfleischveränderungen können verkalken oder verknöchern und sehr hart werden. Eine Umwandlung der Epuliswucherungen in bösartige Karzinome ist selten, aber möglich.
- **Epulis papillomatosa.** Hierbei handelt es sich um eine Epulisform, die von Viren (Papillomaviren) verursacht wird. Die virusbedingte Epulis ist ansteckend für andere Hunde. Hunde infizieren sich durch Kontakt mit Speichel oder Blut aus dem Zahnfleisch betroffener Artgenossen.

Ob es sich bei Zahnfleischwucherungen um eine echte oder durch Papillomaviren verursachte Epulis handelt, kann nur durch eine elektronenmikroskopische Beurteilung des chirurgisch entfernten, veränderten Zahnfleisches beurteilt werden.
Symptome: Die Wucherungen können ein solches Ausmaß annehmen, dass sie bei der Nahrungsaufnahme stören. Zunächst sind sie schmerzlos. Wird die Oberfläche jedoch verletzt, was beim Fressen und Spielen leicht passieren kann, bluten sie. In die offenen Wunden setzen sich schnell Bakterien aus der Maulhöhle und führen zu eitrigen Entzündungen.

Epulis ist eine gutartige Zahnfleischwucherung.

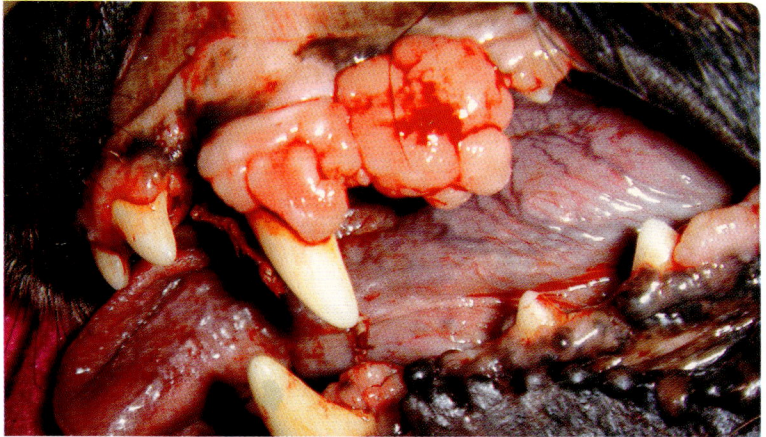

Therapie: Das Mittel der Wahl ist die **chirurgische Entfernung** der Wucherungen. Die dabei entstehenden starken Blutungen werden durch Kauterisierung (Brennen) gestoppt. Bei der durch Papillomaviren verursachten Epulis kann aus dem chirurgisch entfernten Warzenmaterial ein **Impfstoff** hergestellt werden. Der Impfstoff wird dem Tier in einem genau vorgeschriebenen Intervall injiziert. In 80 % der so behandelten Fälle verschwindet die Epulis und tritt nicht mehr erneut auf.

Oft kommt es bei der Epulis papillomatosa zu **Spontanheilungen** ohne chirurgischen Eingriff, wenn die körpereigene Abwehr den Erreger eliminieren kann. Die Stärkung des Immunsystems ist daher für die Therapie der

Epulis von großer Bedeutung. Die Eigenbluttherapie sowie die Injektion eines Paramunitätsinducers (Zylexis) haben sich bei der virusbedingten Epulis bewährt.
Vorbeugung: Es gibt keine Vorbeugung gegen Epulis.
Gefahr für den Menschen: keine.

Magen

Erbrechen

Leitsymptome

→ pumpende Bewegungen der Bauchmuskeln

→ Auswürgen von Mageninhalt

Naturheilkunde

Es sind keine Präparate aus der Naturheilkunde gegen die echte Epulis bekannt. Bei der Epulis papillomatosa helfen bekannte Präparate wie **roter Sonnenhut** (*Echinacea purpura*) sowie ¼ Teelöffel **Vitamin-C-Pulver** pro 10 kg Körpergewicht 1 x täglich ins Futter. **Vorsicht**: Hunde mit Kalziumoxalat-Harnsteinen dürfen kein Vitamin C erhalten, da das Vitamin die Bildung dieser Harnsteine fördert.

Allgemeines: Erbrechen ist ein Symptom verschiedenster Erkrankungen. Obwohl der Magen an dem Vorgang hauptsächlich beteiligt ist, muss er nicht unbedingt Sitz der zum Erbrechen führenden Krankheit sein. Auch bei akuten Infektionskrankheiten (z. B. Parvovirose, Staupe), bei Organerkrankungen (Leber, Niere, Bauchspeicheldrüse), bei Vergiftungen, bei Fremdkörpern im Magen oder Darm sowie bei Störungen des Gleichgewichtsorgans (z. B. Innenohrerkrankungen, Reisekrankheit) oder

Eine Röntgenaufnahme kann bei häufigem Erbrechen zur Abklärung der Ursache erforderlich sein.

Naturheilkunde

Melisse (*Melissa officinalis*) wirkt krampflösend und beruhigend auch auf den Magen. Für den Hund eignet sich die Zubereitung der Heilpflanze als Tee. Zwei Esslöffel Melisseblätter werden mit 1 Tasse kochendem Wasser übergossen und 10 Minuten ziehen gelassen. Danach werden die Blätter abgeseiht. Diese Menge reicht für einen Hund bis 10 kg Körpergewicht für einen Tag. Nach Abkühlung wird der Tee über den Tag verteilt dem Patienten in kleinen Mengen direkt in die Maulhöhle eingegeben.
Die Anwendung von Naturheilmitteln bei Erbrechen ersetzt nicht den Gang zum Tierarzt, um die Ursache abklären zu lassen!

der Gehirnfunktion wird erbrochen. Nahrungsmittelallergien zeigen sich sowohl in Hautveränderungen mit Juckreiz als auch häufig durch Erbrechen (und Durchfall). Bei Erkrankungen des Magen-Darm-Traktes ist Erbrechen ein Leitsymptom.

Erbrechen muss jedoch nicht immer ein Zeichen für eine Erkrankung sein. Manche säugenden Hündinnen erbrechen angedautes Futter zur Fütterung der Welpen. Das ist ein atavistisches Verhalten (von alters her überliefert aus der Zeit, als unsere Hunde noch Wölfe waren) und hat keinen krankhaften Hintergrund. Auch bei scheinträchtigen Hündinnen kann man dieses **„atavistische Erbrechen"** manchmal beobachten. Viele gesunde Hunde, vor allem Junghunde, erbrechen nach übermäßigem und zu schnellem Fressen zur Entlastung des Magens. Das Futter wird nach dem Erbrechen häufig gleich wieder aufgenommen. **Symptome:** Durch pumpende Bewegungen, wobei der gesamte Körper mitbeteiligt zu sein scheint, wird der Mageninhalt herausgewürgt, teilweise herausgeschleudert. Durch das ständige Herauswürgen von Nahrung und Magensaft gehen dem Körper lebenswichtige Stoffe (Wasser, Elektrolyte) in großer Menge verloren. Bei

sehr häufigem Erbrechen besteht dadurch vor allem bei geschwächten Tieren die Gefahr eines akuten Herz-Kreislauf-Versagens. Durch den anhaltenden Würgereiz tritt Darminhalt aus dem Dünndarm (Duodenum) in den leeren Magen über. Aggressive Verdauungsenzyme sowie Gallenflüssigkeit aus dem Darmtrakt reizen die Magenschleimhaut. Die nun erbrochene Flüssigkeit ist gelblich und übel riechend. Im Volksmund spricht man von „Galle brechen", was ja auch teilweise korrekt ist.
Therapie: Wenn ein Hund häufig erbricht, sollte er einem Tierarzt zur Generaluntersuchung vorgestellt werden. Es können Blut- und Kotuntersuchungen, Röntgen- (eventuell nach Eingabe eines Kontrastmittels) und Ultraschalluntersuchungen oder sogar eine Magenspiegelung erforderlich sein, um der Ursache des Symptoms Erbrechen auf die Spur zu kommen. Bei großen Wasser- und Elektrolytverlusten sorgen Infusionen für den Ausgleich und damit für die Kreislaufstabilität. Medikamente, die den Würgereiz durch Wirkung auf das Brechzentrum im Gehirn unterdrücken, lindern die Beschwerden des Patienten. Sie bekämpfen allerdings nicht die

Ursache und sind daher nur als Begleittherapie zu werten. Die spezielle Therapie richtet sich danach, welche Erkrankung dem Erbrechen zugrunde liegt.

Vorbeugung: Hunde, die zu häufigem Erbrechen neigen, sollten grundsätzlich ihre Futterration auf dreimal täglich verteilt erhalten, um den Magen nicht zu überladen. Das Futter darf nicht direkt aus dem Kühlschrank gegeben werden. Achten Sie darauf, dass Ihr Hund stressfrei fressen kann und nicht gezwungen ist, das Futter schnell in sich hineinzuschlingen. Da das Symptom Erbrechen vielfältige Ursachen haben kann, ist die regelmäßige Gesundheitskontrolle durch einen Tierarzt die beste Vorbeugung.

Gefahr für den Menschen: keine.

Magendrehung

Leitsymptome

→ Aufblähen des Bauches

→ Atemnot

→ Kreislaufversagen

Allgemeines: Der Magen des Hundes ist im Vergleich zu anderen Säugetieren im Bauchraum durch relativ **lange Bänder** aus Bindegewebe befestigt. Die Magendrehung wird gehäuft bei Hunden großer Rassen gesehen, ist aber auch bei mittelgroßen und kleinen Hunden nicht selten. Wird der Magen durch Aufnahme übermäßiger Futtermengen überladen, kommt es zu einer Magenwanddehnung (Magendilatation). Der Magenausgang verlagert sich durch die Verformung der Magenwand so, dass Zu- und Ausgang des Magens verschlossen werden. Die sich bei der Verdauung bildenden Gase finden nun keinen Abgang mehr. Dadurch bläht der Magen auf, die Magenwand dehnt sich weiter, die Verformung wird stärker und der Magen dreht sich im Urzeigersinn

um die Speiseröhre herum. Durch die Drehung werden wichtige Blutgefäße abgeklemmt sowie das Zwerchfell an seiner für die Atmung wichtigen Bewegung gehemmt. Die durch die abgedrehten Blutgefäße normalerweise versorgten Organe erhalten zu wenig Sauerstoff.

Symptome: Die Hunde sind unruhig, würgen und versuchen zu erbrechen, ohne dass etwas herauskommt. Der Bauch bläht zunehmend auf. Es entsteht Atemnot. Die Atembewegungen sind pumpend und lediglich im Brustbereich sichtbar. Der Puls wird schnell und schwach, die Schleimhäute werden zunehmend blasser. Der Blutdruck sinkt. Der Patient ist im Schock. **Es besteht akute Lebensgefahr!**

Therapie: Eine Magendrehung ist eine **Notfallsituation** und muss **sofort** behandelt werden. Jede Minute Verzögerung bis zum Beginn der Therapie kann über Leben und Tod des Patienten entscheiden. Eine Magendrehung kann nur durch eine **Operation** behoben werden. Der Magen wird eröffnet, entleert und in seine ursprüngliche Lage verbracht. Um einer erneuten Drehung aufgrund der überdehnten Bänder vorzubeugen, wird der Magen durch eine spezielle Nahttechnik verankert. Eine Magendrehung muss stationär, das heißt in einer Klinik behandelt und nachgesorgt werden. Erst wenn der Gesundheitszustand des Hundes stabil ist, kann er nach Hause entlassen werden. 48 Stunden nach der Operation wird der Patient erstmals wieder gefüttert. Bis dahin erhält er die notwendige Energie und Flüssigkeit über Infusionen direkt in die Vene. Nach dieser Fastenzeit wird leicht verdauliches Futter (z. B. gekochtes Hühnerfleisch und Reis im Mixer zerkleinert) in 3 bis 4 Portionen über den Tag verteilt gegeben.

Vorbeugung: Um eine Überladung des Magens mit Futter zu vermeiden, sollten Hunde ihre tägliche Futterration auf **mindestens zwei Mahlzeiten** (morgens und spät nachmittags) verteilt erhalten. Der früher häufig praktizierte Fastentag einmal in der Woche hat keinen gesundheitlichen Nutzen. Er führt lediglich

Naturheilkunde

Die Magendrehung ist eine Notfallsituation und muss ohne Verzögerung operiert werden. Jegliche Versuche mit Naturheilmitteln bedeuten Verlust wertvoller Zeit bis zur Operation und kosten dem betroffenen Hund womöglich das Leben.

dazu, dass die Hunde, wenn sie wieder Nahrung erhalten, das Futter besonders gierig verschlingen. Nach dem Fressen sollte der Hund mindestens 1 Stunde ruhen. Springen und Toben mit anderen Hunden ist in dieser Zeit verboten. Am besten wird immer erst nach dem Spaziergang gefüttert. Wenn bei Hunden, die zusammen in einem Haushalt leben, Futterneid zu gierigem und schnellen Fressen führt, müssen die Tiere getrennt gefüttert werden. **Gefahr für den Menschen:** keine.

Darm

Würmer

Leitsymptome

→ oft symptomlos
→ Durchfälle, Gewichtsverlust
→ vermehrter Hunger
→ struppiges Fell

Allgemeines: Bandwürmer benötigen zu ihrer Entwicklung immer mindestens einen Zwischenwirt, sie werden nicht direkt von Hund zu Hund übertragen. Zwischenwirte für Bandwürmer können Insekten (Flöhe), Reptilien, Nagetiere (Mäuse, Ratten usw.) oder landwirtschaftliche Nutztiere (Rind, Schwein) sein. In der Muskulatur dieser Tiere sitzt die Finne, eine eingekapselte Zwischenform des Bandwurms. Nimmt der Hund finnenhaltiges

Fleisch (oder einen Floh) mit der Nahrung auf, wird im Darm des Hundes die Finne frei und entwickelt sich zum ausgewachsenen, geschlechtsreifen Bandwurm. Die Endglieder des Wurms enthalten Eier und werden kontinuierlich mit dem Kot ausgeschieden. Wie kommen nun die Eier in den Zwischenwirt? Setzt zum Beispiel ein bandwurminfizierter Hund seinen Kot auf einer Wiese ab, bleiben die Eier des Parasiten am Gras hängen und werden zusammen mit dem Gras von Kühen aufgefressen. Im Körper der Kuh entwickeln sich aus den Eiern wieder Finnen und kapseln sich in deren Muskulatur ein. Damit ist der Kreislauf geschlossen. Das gilt für den *Echinococcus granulosus*, den typischen Hundebandwurm. Bei den anderen Bandwürmern ist der Mechanismus der zweiwirtigen Entwicklung gleich, als Zwischenwirte fungieren jedoch andere Tiere. Der *Echinococcus granulosus*, der landwirtschaftliche Nutztiere als Zwischenwirt befällt, ist aufgrund der in Deutschland gesetzlich vorgeschriebenen Fleischbeschau inzwischen so gut wie ausgestorben. Unsere Hunde werden heutzutage hauptsächlich durch Flöhe mit Bandwürmern infiziert. Lediglich bei Jagdhunden, die eventuell Teile des Aufbruchs (Eingeweide) erlegter wild lebender Wiederkäuer als Belohnung für ihre Arbeit erhalten, wird hin und wieder *Echinococcus granulosus* diagnostiziert. Da Hunde Spitzmäuse, die Zwischenwirte für den **gefährlichen Fuchsbandwurm**, in der Regel weder jagen noch fressen, werden sie mit diesem Bandwurm nur in Ausnahmefälle infiziert.

Spulwürmer benötigen zu ihrer Entwicklung keinen Zwischenwirt. Nach Aufnahme von Spulwurmeiern zum Beispiel aus dem Kot infizierter Artgenossen (beim Schnüffeln) schlüpfen die Larven des Parasiten im Dünndarm des Hundes. Sie bohren sich durch die Darmwand und gelangen über die Blutgefäße zum rechten Herzen und von dort über den Lungenkreislauf in die Lunge. Hier bewegen sich die inzwischen schon etwas größeren Lar-

Spulwürmer findet man bei massivem Befall auch im Kot.

ven aktiv zur Luftröhre hin. Durch die dadurch entstehende Reizung der Luftröhrenschleimhaut muss der Hund husten. Die Larven werden hochgehustet und wieder abgeschluckt. So kommen sie über den Magen wieder in den Darm. Manchmal husten die betroffenen Hunde zum Entsetzen ihrer Besitzer schon einmal einen Spulwurm aus. Auf dem Fuß- oder Teppichboden sehen sie ähnlich wie Spagetti aus. Die abgeschluckten, inzwischen zu geschlechtsreifen Würmern entwickelten Parasiten paaren sich im Darm und geben ihre Eier über den Kot in die Außenwelt ab. Damit ist der Entwicklungskreislauf geschlossen.

Einige der im Körper wandernden Spulwurmlarven (sie sind zu dieser Zeit noch mikroskopisch klein) kapseln sich in der Muskulatur des Hundes ab. Dort bleiben sie manchmal jahrelang liegen, ohne Beschwerden zu verursachen. Bei Hormonveränderungen (Läufigkeit, Trächtigkeit) oder in Stresssituationen werden sie wieder aktiv und setzen ihren Wanderweg fort. Ein Teil davon wandert in die Milchdrüse und kann dann über die Muttermilch auf die Welpen übertragen werden.

Aus diesem Grund sind fast 100 % aller kleinen Hunde mit Spulwürmern infiziert.

Hakenwürmer haben ebenfalls einen interessanten Entwicklungszyklus. Die mikroskopisch kleinen Larven schlüpfen in der Außenwelt aus den Eiern und können über die Haut (Pfoten) in den Körper des Hundes eindringen. Während eines Wanderweges im Körper, ähnlich wie bei den Spulwürmern, häuten sie sich und erreichen schließlich als geschlechtsreife Würmer den Darm. Ein Teil der Larven wird ebenfalls in der Muskulatur des Hundes eingekapselt.

Symptome: Würmer schädigen die Darmwand und schaffen somit die Voraussetzung zur Ansiedlung krankmachender Keime. Aus diesem Grund entsteht bei Wurmbefall häufig Durchfall. Würmer nehmen aus dem Nahrungsbrei wichtige Nährstoffe heraus. Durch diesen **Nährstoffverlust** entsteht das bei Wurmbefall häufig zu sehende struppige, glanzlose Fell. Bei massivem Wurmbefall magern die Tiere trotz gutem Appetit ab. Würmer geben ihre Stoffwechselendprodukte in den Darm des Wirtes, in dem sie leben, ab. Diese Stoffwechselprodukte sind giftig und schädigen, wenn sie durch die Darmwand resorbiert (aufgenommen) werden, die inneren Organe der betroffenen Tiere.

Therapie: Substanzen, die Würmer abtöten, sind auch für Säugetiere nicht besonders gesund. Sie sollten nur eingesetzt werden, wenn es tatsächlich notwendig ist. **Unnötige Entwurmungen belasten den Organismus** des Hundes.

Folgendes Entwurmungsschema hat sich bewährt: Hundebabys müssen etwa 14 Tage nach dem Absetzen von der Mutter gegen Spul- und Hakenwürmer entwurmt werden. Da die meisten Präparate die wandernden Larven der Parasiten nicht erreichen, muss die Wurmkur nach 14 Tagen wiederholt werden. Gegen Bandwürmer muss der Hund nur behandelt werden, wenn starker Flohbefall vorlag und wenn durch eine Kotuntersuchung

Bandwurmbefall nachgewiesen wurde. Auch die Hündin sollte nach dem Absetzten der Jungen nochmals gegen Spul- und Hakenwürmer behandelt werden. Sie erinnern sich: Durch die Trächtigkeit werden die in der Muskulatur eines Hundes eingekapselten Larven wieder aktiv.

Bei erwachsenen Hunden ist Wurmbefall gar nicht so häufig, wie landläufig angenommen. Das Immunsystem eines gesunden Hundes wehrt sich in der Regel erfolgreich gegen die Ansiedelung von Parasiten. Hier genügt es zur Sicherheit einmal im Jahr (beim Impftermin) eine mikroskopische Kotuntersuchung (Sammelkot von 3 Tagen) vom Tierarzt durchführen zu lassen und nur dann eine Wurmkur zu machen, wenn tatsächlich Wurmbefall vorliegt. Hier sollte nach dem Motto verfahren werden: **Vor jeder Therapie steht die Diagnose!**

Die häufig gehörte Empfehlung, alle 3 Monate zu entwurmen, ist sehr kritisch zu bewerten. Inzwischen gibt es eine Studie an der Universitätstierklinik in München, in der Hunde, die unter einer Allergie leiden, mit harmlosen (und auf den Menschen nicht übertragbaren) Würmern infiziert werden. In vielen Fällen wird dadurch die Allergie geheilt. Offensichtlich hat ein geringer Befall mit Darmparasiten einen positiven und regulierenden Einfluss auf das Immunsystem. Die Untersuchungen zu diesem Thema sind noch nicht abgeschlossen.

Nach Eingabe von Entwurmungspräparaten sterben die im Darm befindlichen Parasiten ab und werden in der Regel verdaut, ohne in die Außenwelt zu gelangen. Bei massivem Wurmbefall werden die abgetöteten Würmer sowie noch infektionstüchtige Eier mit dem Kot ausgeschieden. Um nach der Entwurmung eine erneute Infektion durch Kontakt mit diesen Eiern sowie eine Gefährdung anderer Hunde zu vermeiden, sollte der Kot 1 bis 2 Tage nach der Entwurmung eingesammelt und unschädlich beseitigt werden (z. B. in der Toilette oder gut verpackt im Hausmüll).

Vorbeugung: Eine medikamentöse Vorbeugung wie zum Beispiel eine Impfung gegen Infektionskrankheiten gibt es gegen Wurmbefall nicht. Verschiedene Maßnahmen können jedoch verhindern, dass eine Ansteckung erfolgt: Schützen Sie Ihren Hund vor Flohbefall, denn Flöhe sind Zwischenwirte für Bandwürmer. Frieren Sie Fleisch, das Sie Ihrem Hund roh verfüttern möchten, 24 Stunden vorher bei -18 °C ein. Eventuell vorhandene Bandwurmfinnen werden dadurch abgetötet.

Gefahr für den Menschen: Für den Menschen gefährlich ist der **typische Hundebandwurm** (*Echinococcus granulosus*). Zwischenwirt dieses Parasiten sind Rinder und Schweine. Der Mensch kann „Fehlzwischenwirt" werden, wenn die mikroskopisch kleinen Eier des Bandwurms in seinen Magen-Darm-Trakt gelangen. Vor allem in der Leber, manchmal im Herz oder im Gehirn entwickelt sich eine bis zu kindskopfgroße Finne, die nur chirurgisch entfernt werden kann. Für die betroffe-

Naturheilkunde

Pflanzliche Präparate aus der Naturheilkunde gegen Wurmbefall sind für Hunde nicht immer verträglich. So zum Beispiel verursacht der Wurmfarn lebensbedrohliche Leberschäden. Auch Knoblauch, häufig als vermeintlich harmloses Mittel gegen Würmer dem Futter zugesetzt, kann bei besonders empfindlichen Hunden zu Blutbildveränderungen führen. Weitgehend ungefährlich sind Kürbiskerne. Der im Samen des Kürbis enthaltene Wirkstoff tötet den Bandwurm aber nicht ab, sondern lähmt ihn nur. Nach Einnahme von geschroteten Kürbiskernen muss daher dem Hund zusätzlich ein Abführmittel (z. B. Rizinusöl) verabreicht werden. Häufig entsteht dadurch Durchfall. Gegen Spul- und Hakenwürmer wirken Kürbiskerne nicht.

Jagdhunde infizieren sich durch den Aufbruch erlegter wild lebender Wiederkäuer mit Bandwürmern.

nen Menschen besteht Lebensgefahr. Der Hundebandwurm ist in Deutschland zum Glück fast ausgestorben. Die gesetzlich vorgeschriebene Fleischbeschau verhindert weitgehend, dass finnenhaltiges Fleisch verkauft wird. Lediglich Jäger, deren Hunde als Belohnung für ihre Mitarbeit bei der Jagd den Aufbruch des erlegten Wildes erhalten, gelten als besonders gefährdete Personen.

Der Fuchsbandwurm (*Echinococcus multilocularis*) und die Übertragung von Eiern auf den Menschen spielt beim Hund kaum eine Rolle. Um sich mit dem Fuchsbandwurm zu infizieren, müsste der Hund Spitzmäuse, die Zwischenwirte dieses Parasiten, fressen.

Hunde, die das tun, sind sicherlich eine absolute Seltenheit. Hauptinfektionsquelle für den Menschen sind Waldfrüchte, auf denen unsichtbar die vom Fuchs mit dem Kot ausgeschiedenen Bandwurmeier haften. Die Auswirkungen einer Infektion mit Fuchsbandwurmeiern beim Menschen sind die gleichen wie nach einer Infektion mit dem Hundebandwurm.

Spulwurmlarven können sich auch beim Menschen nach Kontakt mit Eiern des Parasiten im Körper einkapseln. Bevorzugte Stelle ist dabei das Auge. Allerdings geschieht das so selten, dass man nicht von einer ernsten Gefahr sprechen kann. Die beste Vorbeugung dagegen ist die Einhaltung des Entwurmungsschemas für Junghunde und regelmäßige Kotuntersuchungen auf Wurmbefall beim erwachsenen Hund.

Hakenwürmer sind auf den Menschen nicht übertragbar.

Giardia

Leitsymptome
→ oft symptomlos
→ Durchfall, Gewichtsverlust

Allgemeines: Giardia ist ein Darmparasit, der bei fast allen Haustieren vorkommt und beim Hund relativ häufig anzutreffen ist. Statistiken besagen, dass erwachsene Hunde zu etwa 10 % mit Giardien befallen sind. Bei Welpen und Junghunden sollen es sogar 50 % sein. In Zwingeranlagen und in Tierheimen sind nach Ausbruch einer Infektion nach kurzer Zeit sogar 100 % der Hunde mit dem Parasiten infiziert. Giardia ist leicht übertragbar. Die Erreger werden durch direkten Kontakt von Hund zu Hund sowie aus der Umgebung aufgenommen. Giardia können auch mit den Schuhen in die Wohnung eingeschleppt werden.

Symptome: Das Leitsymptom dieser Erkrankung ist Durchfall. Dieser kann vorübergehend sein (wenn die körpereigenen Abwehrkräfte den Parasiten besiegen) oder aber längere Zeit andauern. Der Kot der betroffenen Hunde ist meist hell, übel riechend und manchmal mit frischem Blut durchsetzt. Die Tiere nehmen meist ab; Welpen bleiben in ihrer Entwicklung zurück. Der Appetit ist in den meisten Fällen jedoch gut.

Therapie: Das Problem bei Giardia-Befall ist die Diagnose. Giardia kann nur kurze Zeit und nur in noch körperwarmem Kot nachgewiesen werden. Daher sind mikroskopische Untersuchungen von Kotproben, die vom Besitzer zum Tierarzt gebracht werden und daher mindestens ein paar Stunden alt sind, in der Regel Giardia negativ. Aussagekräftiger ist eine Untersuchungsmethode des Kotes, die nur in einem Speziallabor durchgeführt werden kann. Bei anhaltenden, therapieresistenten Durchfällen sollte eine solche Kotuntersuchung immer durchgeführt werden.

Es gibt inzwischen gut wirksame Mittel gegen Giardia, die, wenn sie konsequent verabreicht werden, den Parasiten zuverlässig abtöten. Lebt ein Hund im Haus, reicht die medikamentöse Therapie neben allgemeiner Hygiene (Reinigung des Fußbodens, Waschen von Decken) aus. Schwieriger wird es bei Zwingerhaltung und in Tierheimen. Dort ist das Risiko einer erneuten Ansteckung nach der Therapie besonders groß. Da die Dauerstadien (Zysten) des Parasiten in der Außenwelt am besten bei feucht-kalten Bedingungen überleben, lassen sie sich mit Hilfe eines Dampfstrahlers am wirkungsvollsten beseitigen. Durch die Hitze des Dampfstrahlers und die nachfolgende Abtrocknung werden Giardia-Dauerformen zuverlässig abgetötet. Um die gereinigten Räume nicht erneut mit Giardia-Zysten zu verschmutzen, empfiehlt es sich, die Afterregion der Tiere während der Therapie nach jedem Kotabsatz mit Shampoo zu reinigen.

Vorbeugung: Hunde sind soziale Tiere und der Kontakt zu anderen Hunden ist für ihr psychisches Wohlbefinden absolut notwendig. Daher ist eine Übertragung von Giardia von Hund zu Hund, aber auch durch Schnüffeln an Ausscheidungen anderer Hunde kaum zu vermeiden. Ob die Infektion „angeht" und der Erreger sich vermehren kann, hängt von der Effektivität der körpereigenen Abwehrkräfte ab. Die beste Vorbeugung gegen Parasitenbefall ist daher eine vollwertige Ernährung, regelmäßige Kontrollen durch einen Tierarzt auf versteckte Organkrankheiten sowie viel Liebe und Zuwendung. Gesunde, wohlgenährte und zufriedene Hunde sind für Parasitenbefall wenig empfänglich.

Gefahr für den Menschen: Giardia ist von der Weltgesundheitsorganisation (WHO) als **Zoonose-Erreger** (Erreger, der vom Tier auf den Menschen übertragbar ist) eingestuft. Besonders bei Kindern treten bei Giardia-Befall Durchfall, Mangelerscheinungen und Wachstumsverzögerung auf. Beim Menschen soll der Befall mit Giardia die **häufigste Darmparasitose** in den westlichen Industrieländern sein. Panik ist jedoch fehl am Platz. Auch beim Menschen kommt es auf das Immunsystem an, ob nach Kontakt mit Giardia auch wirklich eine Erkrankung auftritt. Menschen, die durch Giardia erkranken, sollten daher nicht nur den Parasiten bekämpfen, sondern nach Ursachen ihrer Abwehrschwäche forschen.

Naturheilkunde

Es gibt keine Mittel aus der Naturheilkunde zur Bekämpfung von Giardia. Da die Infektion auch auf den Menschen übertragbar ist, sollte die Behandlung mit nachgewiesen wirksamen schulmedizinischen Präparaten nicht zu lange hinausgezögert werden.

Durchfall

Leitsymptom

→ Absetzen von breiigem bis flüssigem Kot

Allgemeines: Durchfall ist keine eigenständige Erkrankung, sondern ein Symptom. Die **verschiedensten Ursachen** können Durchfall hervorrufen: Viren (z. B. Parvoviren, Staupeviren), Bakterien (z. B. Salmonellen), Parasiten (z. B. Würmer, Giardia), Nahrungsmittelallergien, Leber- und Bauchspeicheldrüsenerkrankungen, Vergiftungen, falsche Ernährung und vieles andere mehr. Bei manchen besonders sensiblen Hunden tritt manchmal sogenannter **psychogener Durchfall** auf. Typisch für diese psychisch bedingte Darmfunktionsstörung ist, dass sie hauptsächlich bei Aufregung auftritt. Solche Hunde setzen bei einem Spaziergang 5- bis 6-mal Kot ab, wobei die Konsistenz zunächst fest ist und dann von Mal zu Mal dünner wird. Ursache ist hier eine gesteigerte Darmperistaltik (Darmbewegung) aufgrund aufregender Erlebnisse während des Spaziergangs (z. B. Gerüche von Artgenossen oder Begegnungen mit anderen Hunden).

Wenn der Durchfall im Rahmen einer Infektion mit Viren, Bakterien oder Parasiten auftritt, können diese Krankheitserreger von Hund zu Hund übertragen werden und bei den betroffenen Tieren ebenfalls Durchfall auslösen. Ist der Durchfall auf psychische Ursachen zurückzuführen oder Symptom einer versteckten Organerkrankung, ist er nicht ansteckend.

Symptome: Von Durchfall spricht man, wenn der Hund ungeformten, breiigen bis wässrigen Kot absetzt. Vor allem bei längerem Krankheitsverlauf ist dem Kot Schleim oder Blut beigemischt. Der After ist durch die ständige Reizung gerötet. Manchmal tritt unwillkürlich tropfenweise Darminhalt aus. Oft leiden die

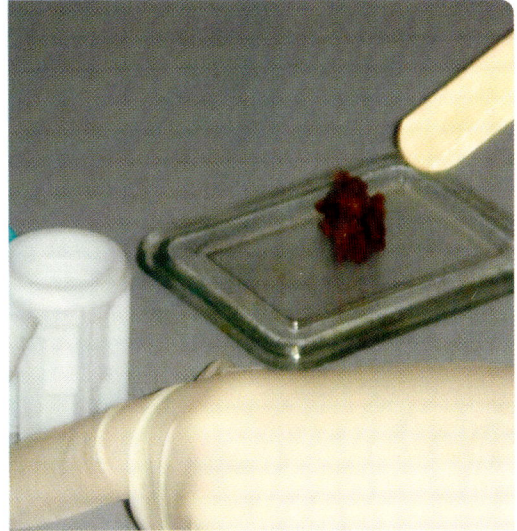

Bei Durchfall wird eine Kotuntersuchung zur Abklärung der Ursache durchgeführt.

Tiere unter Blähungen und Bauchschmerzen. **Bei schweren Durchfällen** gehen dem Körper große Mengen an Wasser und Elektrolyten verloren. Die Patienten trocknen aus. Es besteht **Schockgefahr**, vor allem bei Welpen oder geschwächten älteren Tieren.

Therapie: Die Behandlung richtet sich nach der Grundkrankheit. Durch bakteriologische und parasitologische Kotuntersuchungen, durch Blut- und Röntgenuntersuchungen versucht der Tierarzt, die eigentliche Ursache zu ermitteln, um gezielt behandeln zu können. Gleichzeitig wird er die Beschwerden des Patienten durch entsprechende Medikamente lindern und, vor allem bei besonders geschwächten Tieren, den Kreislauf durch Infusionen stützen.

Bei leichtem Durchfall empfiehlt es sich, einen Tag auf jegliche Fütterung zu verzichten. **Wasser** muss dem Hund immer allerdings immer in ausreichender Menge zur Verfügung stehen. Besser als Wasser sind Vollelektrolytlösungen, die Sie bei Ihrem Tierarzt erhalten. Sie gleichen den Flüssigkeits- und Elektrolytverlust aus. Ab dem 2. Tag wird eine **Diät** aus

Naturheilkunde

Ein überaus wirksames und völlig nebenwirkungsfreies Mittel aus der Naturheilkunde gegen Durchfall ist **lebende Trockenhefe** (*Saccharomyces boulardii*). In der Apotheke oder bei Ihrem Tierarzt können Sie sie unter dem Namen „Perenterol" kaufen. Eine Stoßtherapie mit 1 Kapsel pro kg Körpergewicht stoppt akuten Durchfall in der Regel innerhalb weniger Stunden. Den Inhalt der Kapsel (Pulver) kann man mit Wasser verdünnt direkt in die Maulhöhe eingeben oder dem Futter beimischen.

Ein Absud aus **Odermennig** (*Agrimonia eupatoria*), einer alten Heilpflanze, wirkt beruhigend auf den Darm. Die Blätter oder Sprossteile (Sie erhalten sie in Apotheken) werden in kaltem Wasser angesetzt und zum Kochen gebracht. Nach mindestens 20 Minuten Kochzeit wird abgeseiht und die Flüssigkeit abkühlen gelassen. Geben Sie Ihrem durchfallkranken Hund von der Flüssigkeit drei- bis viermal täglich 5 ml pro 10 kg Körpergewicht direkt in die Maulhöhle.

$\frac{2}{3}$ in Wasser sehr weich gekochtem Milchreis (kein Vollkornreis!) oder gekochten Kartoffeln und $\frac{1}{3}$ Hüttenkäse oder Magerquark über mehrere Tage verabreicht. Manche Hunde verweigern diese Diät. In diesem Fall kochen Sie den Reis oder die Kartoffeln mit einem Suppenwürfel, um sie schmackhafter zu machen. Füttern Sie mehrmals täglich in kleinen Mengen. Oft reguliert sich die Darmfunktion allein durch diese Diätmaßnahmen. Wenn der Durchfall jedoch länger als 2 Tage andauert und Symptome wie Erbrechen und Apathie hinzukommen, sollten Sie ohne weitere Wartezeit einen Tierarzt aufsuchen. Auch Durchfälle, die nach kurzzeitiger Besserung immer wieder neu auftreten, erfordern eine gründliche tierärztliche Untersuchung, um den Ursachen auf die Spur zu kommen.

Geben Sie Ihrem Hund **niemals Kohlepräparate** ohne ausdrückliche Verordnung durch den Tierarzt. Durchfall ist eine Schutzreaktion des Körpers, um krankmachende Keime aus dem Darm herauszuschleusen. Durch Kohle oder andere stopfende Mittel werden die Krankheitserreger im Darm zurückgehalten, können in den Körperkreislauf übertreten und zu schweren Allgemeinerkrankungen führen. Den Kot eindickende Medikamente ohne keimtötende Wirkung wie zum Beispiel Kohle dürfen nur dann verabreicht werden, wenn gesichert ist, dass es sich nicht um eine durch Viren, Bakterien oder Parasiten ausgelöste Darmerkrankung handelt.

Verabreichen Sie niemals einem Hund ohne tierärztlichen Auftrag Medikamente aus der Humanmedizin. Viele für Menschen völlig ungefährliche Präparate (z. B. Aspirin) können beim Hund zu schweren Gesundheitsschäden führen.

Vorbeugung: Neben den selbstverständlichen Dingen wie dem Füttern immer frischer, unverdorbener Nahrung und regelmäßiger Gesundheitsvorsorge (Impfungen, Kotuntersuchungen) kann man gegen Durchfall nicht vorbeugen.

Gefahr für den Menschen: Außer bei Giardiabefall oder einer Infektion mit für den Menschen pathogenen Keimen (z. B. Salmonellen) besteht keine Gefahr für den Menschen. Zur Sicherheit sollte jedoch bei anhaltendem Durchfall nach spätestens 2 Tagen ein Tierarzt mit der Suche nach der Ursache beauftragt werden.

Verstopfung

Leitsymptome

→ erfolglose Versuche, Kot abzusetzen

→ Blähungen

→ Erbrechen

Allgemeines: Eine Verstopfung kann aufgrund von Organerkrankungen, Tumoren, eines Fremdkörpers, Nervenerkrankungen, Skelettveränderungen nach Unfällen oder durch falsche Ernährung auftreten. Besonders junge Hunde neigen dazu, „wie ein Staubsauger" alles in sich hineinzufressen, was sie unter die Schnauze bekommen. Solche Tiere sind besonders gefährdet, aufgrund eines Fremdkörpers einen Darmverschluss zu erleiden. Steinharter Kot durch Aufnahme übermäßiger Mengen von Knochen (z. B. im Sommer in Biergärten oder nach unerlaubtem Ausräumen eines Mülleimers) kann ebenfalls zum Darmverschluss führen. Hunde mit schmerzhaften Wirbelsäulenerkrankungen vermeiden oft die Bauchpresse, die für den Kotabsatz erforderlich ist. Die Häufigkeit der Entleerung wird geringer, wodurch der Kot im Enddarm eintrocknet und das Problem noch verstärkt.

Unter chronischer Verstopfung leiden häufig **übergewichtige Hunde** mit Bewegungsmangel. Hier verhindert das übermäßige Fettgewebe in der Bauchhöhle die normale Entleerungsfunktion des Darms.

Symptome: Blähungen, Bauchschmerzen, Erbrechen und Appetitlosigkeit sind die Hauptsymptome, die den Hundebesitzer zum Tierarzt führen. Bei Darmtumoren wird häufig über eine bleistiftdünne Kotform berichtet. Das Lumen (die Weite) des Darms ist durch den Tumor verengt und lässt nur eine dünne Kotmenge hindurch. Als Folge der chronischen Verstopfung – aus welchen Gründen auch immer – weitet sich der Dickdarm, verliert seine Elastizität und wird träge. Durch die lange Verweilzeit des Kotes im Darm treten Giftstoffe aus dem Kot in die Blutbahn. Durch den Druck der Kotmassen auf die Organe wird der Kreislauf stark belastet. Verstopfungen, die länger als 3 bis 4 Tage anhalten, gehören in die Hand eines Tierarztes. Kommt Erbrechen hinzu, besteht der Verdacht auf **Darmverschluss**. In diesem Fall besteht akute **Lebensgefahr**.

Therapie: Durch Darmeinläufe und die Darmperistaltik anregende Mittel wird der Tierarzt versuchen, den angesammelten Kot zu entfernen. In fortgeschrittenen Fällen und bei Darmverschluss muss in der Regel operiert werden.

Die festen Kotmassen sind auf dem Röntgenbild deutlich zu erkennen.

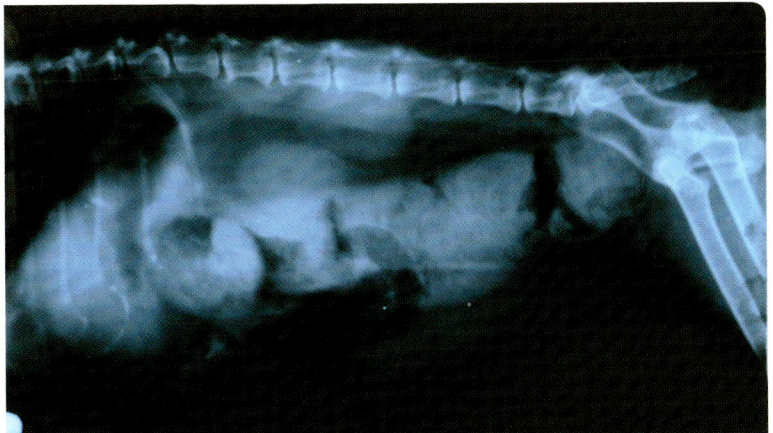

Gleichzeitig wird der Tierarzt nach den Entstehungsursachen der Verstopfung forschen, um eine erneute Kotanschoppung zu verhindern. Als **häusliche Therapie** wird die sofortige Umstellung der Ernährung empfohlen. Koteindickende Nahrungsmittel (Trockenfutter, Knochen) müssen reduziert werden. Beim Tierarzt erhalten Sie konzentrierte Ballaststoffe in Kapselform. Täglich eingegeben verhelfen Sie den Hunden zu regelmäßigem Stuhlgang. Übergewichtige Hunde müssen abnehmen. Viel Bewegung sowie Bauchmassagen im Uhrzeigersinn regen die Peristaltik (Darmbewegungen) an. Geben Sie Ihrem Hund keine Abführmittel aus Ihrer Hausapotheke. Viele Medikamente für den Menschen sind für Hunde giftig. Die Eingabe von Rizinusöl grenzt an Tierquälerei. Diese längst der Vergangenheit angehörige Behandlung chronischer Verstopfung regt den Darm zu starker Peristaltik an. Ist der Darmkanal durch eingetrockneten Kot oder durch einen Fremdkörper verstopft, (Darmverschluss!) kann dann die Darmwand reißen.

Vorbeugung: Durch **artgerechte Haltung** (viel Bewegung) und vernünftige Ernährung mit Vermeidung von Übergewicht kann man chronische Verstopfung verhindern. Allerdings sollte ein untrainierter Hund nicht „gehetzt"

werden. Die Bewegung muss seinem Gesundheits- und Trainingszustand angepasst sein. Weiche Kalbsknochen oder Knorpel, die für die Gesunderhaltung des Gebisses erforderlich sind, müssen dosiert verabreicht werden. Eine eventuell zu starke Eindickung des Kotes durch Knochengaben kann bei Bedarf durch Ballaststoffe (Präparate erhalten Sie beim Tierarzt) ausgeglichen werden.

Gefahr für den Menschen: keine.

Analbeutelentzündung

Allgemeines: Die Analbeutel sind zwei kleine Bindegewebsbeutel unter der Haut beiderseits des Anus, deren Ausführungsgänge in das Endstück des Darms münden. Sie enthalten ein für den Menschen übel riechendes Sekret, das mit jedem Kotabsatz tropfenweise in die Außenwelt abgegeben wird. Das Sekret scheint eine wichtige Funktion bei der Kommunikation zwischen Artgenossen zu haben. Im Volksmund werden die Analbeutel auch als „Duftdrüsen" bezeichnet. Verstopfungen der Ausführungsgänge und Entzündungen der Analbeutel sind bei Hunden relativ häufig.

Symptome: Im Anfangsstadium erzeugen Verstopfungen der Analbeutel Juckreiz. Die Hunde rutschen auf dem Anus („fahren Schlitten") und beißen sich ins Hinterteil oder in die Oberschenkel. In den meisten Fällen entleert sich das angestaute Sekret durch das Rutschen spontan. Der starke Eigengeruch des Sekretes im Fell des Hundes und manchmal auch auf dem Teppichboden kann eine starke Belastung für die Nase des Besitzers sein. Löst sich der

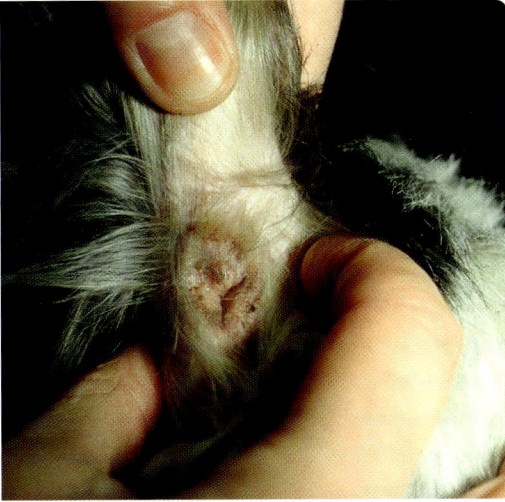

Analbeutel leeren sich normalerweise von selbst. Nur bei krankhafter Verstopfung sollten sie vorsichtig ausgedrückt werden.

Naturheilkunde

Spezielle Naturheilmittel zur Behandlung von Analbeutelentzündungen gibt es nicht. Eine gesunde Darmfunktion mit geregeltem Kotabsatz (ohne Durchfall oder Verstopfung) ist die beste Vorbeugung gegen Verstopfung der Analbeutel. Lebende **Trockenhefe** (*Saccharomyces boulardii*), vorbeugend einmal täglich 1 Kapsel pro 10 kg Körpergewicht verabreicht, verhilft zu einer gesunden Darmflora und beugt Durchfällen vor. **Wegerich-Samen-Tee** zusammen mit den Samen (1 Teelöffel Samen pro 10 kg Körpergewicht mit einer Tasse Wasser aufgebrüht) zweimal wöchentlich ins Futter gemischt, verhindert eine Verstopfung.

Stau nicht spontan, entstehen nach 1 bis 2 Tagen entzündete pralle Vorwölbungen rechts und links neben dem After, die sehr schmerzhaft sind und nach außen aufbrechen können. **Therapie:** Wiederholte Entleerungen der Analbeutel können die Verstopfung in der Regel für längere Zeit beseitigen. Die manuelle Hilfestellung sollte jedoch nur erfolgen, wenn der Hund durch sein Verhalten (ständiges „Schlittenfahren") zeigt, dass wirklich ein Problem vorliegt und die natürliche Entleerung des Sekretes nicht funktioniert. Regelmäßige unnötige Entleerungen der Analbeutel fördern die Nachproduktion des Sekretes und damit die Entstehung chronischer Verstopfungen der „Duftdrüsen".

Besteht bereits eine Entzündung, verwendet der Tierarzt **Spülungen** mit entzündungshemmenden Lösungen und Antibiotika. Wenn Analbeutelentzündungen immer wieder in kurzen Abständen auftreten, können die Beutel chirurgisch entfernt werden. **Vorbeugung:** Bei Darmverstopfung (zu seltener Kotabsatz) oder bei Durchfällen (zu weicher Kot) wird Analbeutelsekret häufig nicht

in ausreichender Menge abgegeben. Auch bei Hunden mit schwachem Bindegewebe (z. B. Golden Retriever, Cocker Spaniel) kann es durch sehr tief liegende Analbeutel zu Entleerungsstörungen kommen. Bei Tieren, bei denen bereits eine Entzündung der Ausführungsgänge aufgetreten ist, kann das Lumen der Gänge (ihre Weite) durch Vernarbung so verengt sein, dass nur unzureichend Sekret durchtreten kann. Es kommt zum Stau in den Beuteln. In all diesen Fällen sollten Sie Ihren Hund ein- bis zweimal in der Woche nach auffallenden Vorwölbungen rechts und links (4- und 8-Uhr-Stellung) neben dem After kontrollieren. Sind solche Vorwölbungen vorhanden oder rutscht der Hund häufig auf dem After, müssen die Analbeutel entleert werden, um einer Entzündung durch gestautes Sekret vorzubeugen.
Gefahr für den Menschen: keine.

Leber

Leberfunktionsstörungen

Leitsymptome

→ Müdigkeit

→ Erbrechen, Durchfälle, Gewichtsverlust

→ Appetitlosigkeit

→ Gelbsucht

→ Hautveränderungen

→ zentralnervöse Störungen (Krämpfe)

Allgemeines: Schwere Leberentzündungen findet man bei der Hepatitis contagiosa canis (H.c.c.; siehe dort) sowie bei Vergiftungen (z. B. nach Renovierungen der Wohnung mit lösungsmittelhaltigen Farben und der Verwendung von Klebstoffen oder nach Rattengiftkontakt). Auch Bakterien (Salmonellen) oder Parasiten können, wenn auch selten, zu akuten Leberentzündungen (Hepatitiden) führen. Bei Herzminderleistung kommt es häufig zu einer Stauungsleber, wodurch die Funktion des Organs beeinträchtigt wird. Die Ursache für die Entstehung nicht selten auftretender Lebertumoren ist nicht bekannt. Eine schleichende Leberschädigung entsteht durch die

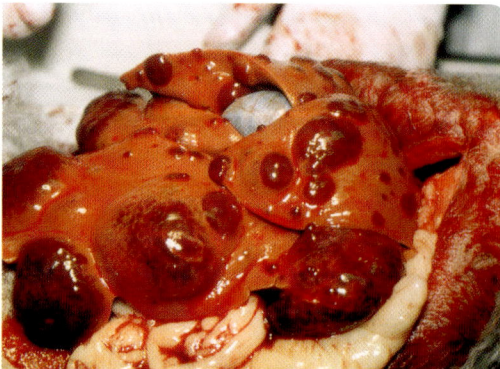

Lebertumoren sind meist nicht mehr operabel.

Zufuhr von ranzigem Fett aus überlagertem Trockenfutter sowie durch Konservierungs- und Zusatzstoffe in Billigdosenfutter.

Wenn die Lebererkrankung im Zusammenhang mit einer Infektionskrankheit auftritt (z. B. H.c.c.) kann diese auf andere Hunde übertragen werden und dort wiederum eine Erkrankung des großen Verdauungsorgans hervorrufen. Lebererkrankungen nach Vergiftungen sind nicht ansteckend.

Symptome: Die Symptome sind nicht einheitlich, sodass zur Diagnose umfangreiche Untersuchungen erforderlich sind. Auffallende Krankheitszeichen treten meist erst im fortgeschrittenen Stadium auf. Das ist der Grund, warum leberkranke Tiere oft erst spät zur Behandlung gebracht werden. Meist fällt den Besitzern nur auf, dass der Hund weniger leistungsfähig ist und viel schläft. Der Volksmund sagt daher: **„Der Schmerz der Leber ist die Müdigkeit"**. Später können Appetitlosigkeit, Abmagerung, Erbrechen, Durchfall, Blähungen, „Gelbsucht" (Gelbfärbung der Haut und der Schleimhäute), Blutungen sowie Bauchwassersucht, Funktionsstörungen des Gehirns mit Krämpfen und Gleichgewichtsstörungen hinzukommen. Lebererkrankungen und Hautveränderungen sind häufig vergesellschaftet. Es entstehen Juckreiz und Entzündungen der Haut.

Zerstörtes Lebergewebe wird durch funktionsloses Narbengewebe ersetzt. In der medizinischen Fachsprache spricht man dann von einer **Leberzirrhose**. Das Endstadium ist vollständiges Leberversagen. Die Patienten fallen dann ins Koma (tiefe Bewusstlosigkeit) und sterben.

Therapie: Durch Bestimmung der Leberwerte im Blut kann der Tierarzt eine Lebererkrankung diagnostizieren. Röntgen- und Ultraschalluntersuchungen geben Aufschluss über sichtbare Veränderungen des Organs (Schrumpfung, Vergrößerung, Tumoren). Vielfach ist eine Leberbiobsie (Untersuchung von Lebergewebe) nötig, um die Ursache von

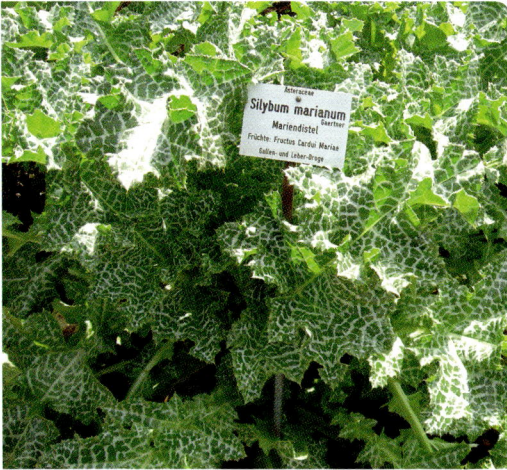

Mariendistel fördert die Regeneration geschädigten Lebergewebes.

Leberveränderungen festzustellen. Die Therapie von Lebererkrankungen ist schwierig und richtet sich nach der Grundkrankheit. Im akuten Stadium erhält der Hund Infusionen und leberzellschützende Medikamente. Welche Medikamente im Einzelfall Anwendung finden, entscheidet der Tierarzt nach Auswertung seiner Untersuchungsergebnisse.

Eine speziell für alle Leberkrankheiten günstige Diät gibt es nicht. Die Futterzusammensetzung muss dem jeweiligen Grad der Organschädigung und den auftretenden Symptomen angepasst werden. Günstig hat sich aber das Verteilen von leicht verdaulichem Futter über den Tag in mehreren kleinen Mahlzeiten erwiesen. Dadurch wird die Leber als das zentrale Verdauungsorgan nicht zu stark belastet. Leberkranke Tiere sollten weder körperlichem noch seelischem Stress ausgesetzt werden. Auch Kälte sollte vermieden werden. Hunde mit kurzem Fell tragen daher im Winter am besten einen Kälteschutzmantel.
Vorbeugung: Hunde sollten keinen giftigen Substanzen ausgesetzt werden. Viele Leberschädigungen entstehen durch Einatmen von Lösungsmitteln aus Farben oder geklebten Teppichböden. Verwenden Sie daher bei Renovierungsarbeiten in Ihrer Wohnung – auch im Interesse Ihrer eigenen Gesundheit – lösungsmittelfreie Farben und Klebstoffe.

Die Ernährung mit Frischfutter vermindert das Risiko von Erkrankungen durch chronische Zufuhr von Konservierungs- und Geschmacksstoffen sowie ranzigen Fetts (bei überlagertem Trockenfutter). Regelmäßige Entwurmungen ohne Kontrolle, ob überhaupt Wurmbefall vorliegt, belasten die Leber. Vor einer Entwurmung sollte daher immer eine Kotuntersuchung durchgeführt werden. Die meisten Hunde beherbergen keine Würmer in ihrem Darm, sodass viele Entwurmungen unnötig sind.

Da sich Lebererkrankungen oft erst im fortgeschrittenen Stadium zeigen, empfiehlt es sich bei Hunden über 6 Jahren einmal im Jahr eine Blutuntersuchung zur Kontrolle der Organfunktion durchführen zu lassen. So können Erkrankungen der Leber frühzeitig erkannt und behandelt werden.
Gefahr für den Menschen: keine.

Naturheilkunde

Die **Mariendistel** (*Silybum marianum*) fördert die Regeneration des Lebergewebes. Man kann sie als Tee (1 Tasse pro 10 kg Körpergewicht) unter das Futter mischen oder als Fertigpräparat beim Tierarzt oder in der Apotheke kaufen (1 Kapsel pro 10 kg Körpergewicht pro Tag). Die Therapie mit Mariendistel sollte 3 bis 4 Monate durchgeführt werden. Eine Abkochung aus getrockneten und klein geschnittenen **Bocksdorn-Früchten** (*Lycium chinense*) kann zur Unterstützung der Leber ebenfalls unter das Futter gegeben werden. Die Früchte (in jeder Apotheke erhältlich) werden 10 Minuten gekocht und dann abgeseiht. Von der Abkochung erhält der Hund 1 Tasse pro 10 kg Körpergewicht über den Tag verteilt.

Bauchspeicheldrüse

Erkrankungen des exkretorischen Teils

Leitsymptome

→ Durchfall, Kotbeschaffenheit: hell, übel riechend

→ Blähungen, Bauchschmerzen

→ Erbrechen, vermehrter Hunger, Abmagerung

Allgemeines: Eine wesentliche Funktion der Bauchspeicheldrüse (Pankreas) ist die Bildung von Pankreassaft. Er enthält die Enzyme Amylase, Lipase und Trypsin. Diese Enzyme werden über den Ausführungsgang des Pankreas in den Dünndarm geleitet, wo sie die Kohlenhydrate, Fette und Eiweiße aus der Nahrung in ihre kleinsten Bestandteile zerlegen. Nur so kann die Nahrung vom Körper verwertet werden. Akute und chronische **Entzündungen** der Bauchspeicheldrüse mit Störung der Enzymbildung werden bei Hunden häufiger diagnostiziert. Die auslösenden Ursachen sind nicht immer festzustellen. Es gibt eine **angeborene Bauchspeicheldrüsenunterfunktion** und **erworbene Störungen** dieses Organs. Oft sind es Entzündungen benachbarter Organe (Leber, Zwölffingerdarm, Gallengang), die auf die Bauchspeicheldrüse übergreifen und sie ebenfalls schädigen. Unter Experten wird eine Beteiligung von industriell gefertigtem Futter (Dosen- und Trockenfutter) bei der Krankheitsentstehung diskutiert.

Symptome: Die Symptome einer **akuten Bauchspeicheldrüsenentzündung** sind dramatisch. Die Tiere leiden unter starken Bauchschmerzen im gesamten Bauchbereich. Erbrechen, Durchfall und Störung des Allgemeinbefindens bis hin zum akuten Kreislaufzusammenbruch (Schock) sind nicht selten.

Die **chronische Bauchspeicheldrüsenentzündung** verläuft nicht weniger belastend für den Patienten. Vorherrschend sind hier die Einschränkung der Enzymbildung und die dadurch entstehenden Verdauungsstörungen. Wenn zu wenige Enzyme in den Darm abgegeben werden, können die Nahrungseiweiße nicht zu Aminosäuren, die Kohlenhydrate nicht zu einfachen Zuckern und die Fette nicht zu Fettsäuren gespalten werden. Die Folge davon ist, dass das Futter unverdaut nach Passage des Dünn- und Dickdarms ausgeschieden wird. Der Nahrungsbrei gärt durch bakterielle Zersetzung im Darmkanal. Es entstehen Durchfälle und Blähungen. Der ausgeschiedene Kot ist durch seinen hohen Anteil an unverdautem Fett ganz hell und aufgrund der bakteriellen Zersetzung übel riechend. Die betroffenen Tiere sind immer hungrig. Sie magern trotz unmäßiger Futteraufnahme hochgradig ab und sterben an Entkräftung. Nicht immer fehlt es vollständig an Verdauungsenzymen. In vielen Fällen liegt lediglich eine verminderte Bildung von Pankreassaft vor. Die Symptome sind dann nicht ganz so deutlich.

Therapie: Als Sofortmaßnahme bei **akuten Entzündungen** der Bauchspeicheldrüse muss jegliche Futter- und Flüssigkeitsaufnahme eingestellt werden. Durch die Entzündung geht die Schutzschicht auf der Schleimhaut der Ausführungsgänge des Pankreas verloren, sodass das eiweißspaltende Enzym Trypsin körpereigenes Gewebe angreifen kann. Es kommt zur Selbstverdauung des Organs durch die eigenen Enzyme. Um das zu verhindern, muss der Patient mehrere Tage über die Vene **(Infusionen)** ernährt werden. Medikamente zur Bekämpfung der Entzündung, zur Stabilisierung des Kreislaufs und zur Schmerzlinderung sind bis zur Genesung erforderlich.

Bei **chronischer Pankreasunterfunktion** verschwinden die Beschwerden meist, wenn der Nahrung etwa eine Viertelstunde vor dem Füttern **Pankreasenzyme** in Pulverform beigemischt werden. Das Futter wird dadurch im Napf vorverdaut und kann vom Körper aufgenommen werden. Ein Patient mit chronischer Bauchspeicheldrüsenunterfunktion darf kein anderes als das im Napf durch Pulverenzyme vorverdaute Futter erhalten. „Normales", das heißt nicht aufgeschlossenes Futter, erzeugt Blähungen, Bauchschmerzen und Durchfälle. Sollte Ihr Hund (was beim Spaziergang nicht immer zu vermeiden ist) doch einmal etwas erwischen, was nicht durch Enzyme vorverdaut wurde, können Sie die entstehenden Beschwerden durch krampflösende Medikamente lindern. Der Tierarzt wird Ihnen solche Spasmolytika, am besten in Zäpfchenform, für den Notfall gerne überlassen. Nach Anweisung des Tierarztes angewandt, haben sie keine schädlichen Nebenwirkungen.

Vorbeugung: Die beste Vorbeugung ist die **artgerechte Ernährung**, am besten mit frisch zubereitetem Futter. Besteht bereits eine Bauchspeicheldrüsenunterfunktion, so kann man durch konsequente Fütterung mit ausschließlich vorverdauter Nahrung die schweren Verdauungsstörungen vermeiden und die Lebensfreude des Patienten trotz chronischer Krankheit erhalten. Krampflösende Medikamente für den Notfall sollten Sie immer in Ihrer Hausapotheke bereithalten.

Gefahr für den Menschen: keine.

Naturheilkunde

Gegen Blähungen und Bauchschmerzen hilft (zusätzlich zu den Verdauungsenzymen!) eine Messerspitze fein gemahlener **Kümmel** (*Carum carvi*) pro 5 kg Körpergewicht im Futter. Auch **Fencheltee** (*Foeniculum vulgare*) etwa 30 ml pro 5 kg Körpergewicht, abgekühlt und über den Tag verteilt dem Hund in die Maulhöhle gegeben oder dem Futter beigemengt, hilft Blähungen zu lindern.

Diabetes mellitus (Zuckerkrankheit)

Leitsymptome

→ vermehrter Durst, vermehrter Urinabsatz

→ Abmagerung

→ Schwäche, Koma

Allgemeines: Die Zuckerkrankheit oder Diabetes mellitus ist eine **Stoffwechselstörung**. Die Bauchspeicheldrüse (Pankreas) ist dabei nicht in der Lage, genügend Insulin (ein lebenswichtiges Hormon) zu produzieren. Bei Hunden scheint die Zuckerkrankheit in den letzten Jahren immer häufiger aufzutreten. Experten vertreten die Meinung, dass die steigenden Diabetikerzahlen bei Hunden (wie beim Menschen) auf Fehlernährung, Übergewicht und zu wenig Bewegung zurückzuführen sind. Neben Übergewicht können jedoch auch Entzündungen der Bauchspeicheldrüse sowie Hormonstörungen und bestimmte Medikamente (z. B. Hormone zur Beeinflussung der Geschlechtsfunktion) Diabetes mellitus auslösen. Zusätzlich wird über eine Störung des Immunsystems sowie eine genetisch bedingte Veranlagung als Ursache für die Entstehung von Diabetes mellitus diskutiert.

Symptome: Insulin ist ein Hormon, das von bestimmten Arealen der Bauchspeicheldrüse (Langerhanssche Inseln) in die Blutbahn abgegeben wird. Es sorgt unter anderem für den Einbau des im Blut vorhandenen Zuckers (Glukose) in die Körperzellen. Indirekt ist es auch für den Fett- und Eiweißstoffwechsel lebensnotwendig. Fehlt Insulin, so „verhungern" die Körperzellen bei gleichzeitigem Anstieg der Zuckermenge im Blut. Als Ausgleich werden vermehrt Körperfett und Körpereiweiße abgebaut, um den Energiehaushalt des Körpers aufrecht zu erhalten. Die betroffenen Tiere magern im Verlauf der Erkrankung stark ab. Durch den krankhaft erhöhten Abbau

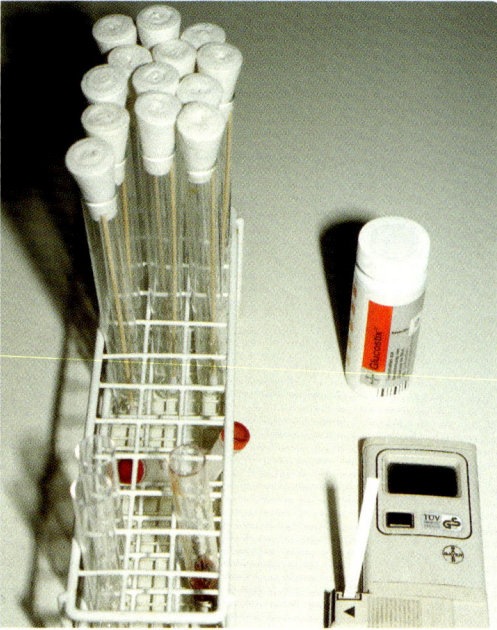

Bei der Einstellung des Patienten auf die richtige Insulinmenge muss der Blutzucker mehrmals täglich gemessen werden.

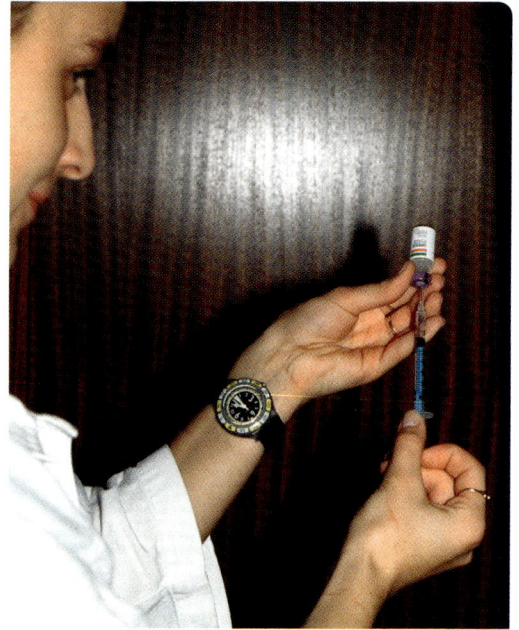

Das Spritzen der täglichen Insulindosis ist nach Anleitung durch den Tierarzt für den Besitzer eines Diabetikers kein Problem.

von Körpersubstanzen entstehen vermehrt giftige Stoffwechselprodukte, die so schnell nicht eliminiert werden und dadurch Schäden der verschiedensten Organe verursachen können. Das **diabetische Koma**, eine lebensbedrohliche Notfallsituation, wird durch diese giftigen Stoffwechselprodukte hervorgerufen. Die Patienten fallen dabei in tiefe Bewusstlosigkeit.

Für die Zuckerkrankheit typische **Spätschäden** sind vor allem Veränderungen an den Blutgefäßen (Arteriosklerose) und Leberfunktionsstörungen. Die Gefäßveränderungen können im ganzen Körper auftreten. An den Augen verursachen sie eine schleichende Erblindung (es entsteht relativ schnell ein grauer Star), im Gesamtorganismus sind sie für Infarkte (Herz, Gehirn), für Durchblutungsstörungen, schlecht heilende Wunden und vieles mehr verantwortlich.

Die Krankheit tritt vorwiegend bei weiblichen Hunden auf (80–90 %). Auslöser sind häufig Stresssituationen, Läufigkeit und Trächtigkeit. Die Patienten nehmen auffallend viel Flüssigkeit auf und setzten dadurch vermehrt Urin ab. Sie schlafen viel, spielen weniger und erscheinen insgesamt lustlos und schlapp. Vielfach verlieren sie den Appetit. Aber auch dann, wenn die Futteraufnahme unverändert ist, magern die Hunde ab. Ein verantwortungsvoller Tierbesitzer sollte sofort bei Auftreten solcher Symptome einen Tierarzt zur Abklärung der Verhaltensänderung aufsuchen.

Therapie: Eine Blutuntersuchung beim Tierarzt gibt Gewissheit. Blutzuckerwerte bis 100 mg/dl sind normal. Werte über 180 mg/dl deuten sehr wahrscheinlich, Werte über 200 mg/dl sicher auf Diabetes mellitus hin. In Zweifelsfällen müssen die Blutuntersuchungen wiederholt oder Spezialtests (Fruktosamin-Bestimmung, Glukosebelastungstest) durchgeführt werden.

Die Behandlung des Diabetes mellitus steht auf zwei Säulen. Ziel ist es, den Blutzuckerspiegel zu senken. Dazu gehört eine konsequente **Diäternährung** des Patienten durch Reduzierung der Kohlenhydrate im Futter. In leichten Fällen reicht das aus, um die Blutzuckerwerte in den Normbereich zurückzuführen. In schweren Krankheitsfällen muss regelmäßig **Insulin** gespritzt werden. Jeder zuckerkranke Hund wird auf die richtige Insulinmenge individuell eingestellt. Zur Einstellung sollte das Tier am besten 1 bis 2 Tage in eine Tierklinik. Danach muss die erforderliche Insulinmenge täglich vom Besitzer selbst unter die Haut des Patienten gespritzt werden. Aber keine Angst! Das ist ganz einfach und nach Anleitung durch den Tierarzt von jedem Hundefreund leicht zu erlernen. Die Behandlung des Diabetes mellitus mit Tabletten führt beim Hund nicht zum Erfolg. Die richtige Ernährung ist bei insulinabhängigen Tieren auch deshalb so wichtig, um Unterzuckerung zu vermeiden. Es hat sich bewährt, kurz vor der Insulininjektion zu füttern. Bei normalerweise zwei Insulininjektionen pro Tag wird dann auch zweimal im Abstand von 8 Stunden gefüttert. Da die Insulinmenge genau auf die verabreichte Nahrungsmenge eingestellt wird, sollte das Futter schmackhaft sein, damit durch eventuelle Verweigerung keine Unregelmäßigkeiten bezüglich der Insulindosierung entstehen. Die diabetischen Tiere erhalten eine eiweißreiche, kohlenhydrat- und fettarme Ernährung. Wichtig ist dabei, dass die Kohlenhydratmenge im Futter nach Möglichkeit immer gleich bleibt, denn darauf ist die Insulinmenge ja eingestellt. Mageres Geflügel-, Rind- oder Schafffleisch, Quark mit gekochten Kartoffeln oder Gemüse sind zu empfehlen.

Da der individuelle Insulinbedarf Schwankungen unterliegt, kann es trotz konsequenter Diät und sorgfältiger Einstellung des Patienten auf die notwendige Insulinmenge, wenn auch selten, zu einer Überdosierung von Insulin und damit zur **Unterzuckerung** kommen. Die Symptome – **plötzliche Schwäche, Zittern, Krämpfe** – sollten jedem Besitzer eines diabe-

tischen, insulinpflichtigen Hundes bekannt sein. Bei Auftreten dieser Symptome müssen Sie umgehend handeln. Die sofortige Gabe von Zuckerwasser oder Bienenhonig in die Maulhöhle des Patienten rettet ihn vor einem hypoglykämischen Schock (Schock aufgrund von Unterzuckerung).

All dies scheint auf den ersten Blick sehr aufwändig und mancher Hundebesitzer fühlt sich zunächst überfordert, zumal die Behandlung eines diabetischen Hundes lebenslang erfolgen muss. Die Frage, ob man solche Patienten nicht besser einschläfern sollte, wird häufig gestellt. Wenn man jedoch einen richtig eingestellten und konsequent ernährten Hund beobachtet, wird man sehr schnell zu der Überzeugung gelangen, dass sich jeder Aufwand lohnt, um die offensichtliche Lebensfreude noch einige Jahre zu erhalten.

Vorbeugung: Die Vermeidung von Übergewicht durch ausreichende Bewegung und eine bedarfsgerechte Ernährung beugt der Entstehung von Diabetes mellitus (und anderer Erkrankungen!) vor.

Gefahr für den Menschen: keine.

Naturheilkunde

Geißraute (*Galega officinalis*), **Griechisch Heu** (*Trigonella foenum-graecum*) und **Heidelbeere** (*Vaccinium myrtillus*) sind Heilkräuter, die den Blutzuckerspiegel senken. Von der Geißraute werden die Sprossteile, vom Griechisch Heu der Samen und von der Heidelbeere die Blätter als Absud oder Tee dem Hund zweimal täglich 5 ml pro 10 kg Körpergewicht verabreicht. **Vorsicht**: Bei insulinspflichtigen Hunden ist es sehr wichtig, dass die Anwendung der Heilkräuter bei der Einstellung auf die notwendige Insulinmenge berücksichtigt wird, um Unterzuckerungen zu vermeiden.

Erkrankungen der Harnorgane

Eingeschränkte Nierenfunktion

Leitsymptome

→ vermehrtes Trinken, vermehrter Urinabsatz
→ Gewichtsverlust
→ Erbrechen
→ Zahnfleischentzündung
→ Schluckbeschwerden!
→ blasse bis porzellanweiße Schleimhäute

Allgemeines: Vor allem ältere Hunde leiden nicht selten unter eingeschränkter Nierenfunktion. Diese Filterorgane sind dabei nicht mehr in der Lage, ihre vielfältigen Aufgaben zu erfüllen. Es ist nicht immer möglich, die Ursachen für die Nierenveränderungen herauszufinden. So können zum Beispiel im Laufe des Lebens durchgemachte Infektionen (meist sind es aufsteigende Entzündungen aus den harnableitenden Wegen wie Blase und Harnröhre), Vergiftungen oder allgemeine Infektionskrankheiten (z. B. Babesiose) dafür verantwortlich sein. Die auslösenden Erreger oder Gifte sind bei der viel späteren Entdeckung des Nierenschadens meist längst aus dem Körper verschwunden. Auch Durchblutungsstörungen aufgrund einer Herzminderleistung, Rückstau von Urin aufgrund eines Verschlusses der harnabführenden Wege durch Blasensteine sowie Verletzungen (z. B. Schläge, Fußtritte, Autounfall) können die Nieren dauerhaft schädigen. Beim Schock (akutes Kreislaufversagen) zum Beispiel bei einem Unfall wird die Blutversorgung der peripheren Organe zugunsten des zentralen Organs (Gehirn) kurzfristig abgekoppelt, um das Überleben zu sichern. Je nachdem, wie lange ein Schock andauert, können durch diese gedrosselte Blutversorgung Dauerschäden an den abgekoppelten Organen entstehen und die Funktion einschränken.

Symptome: Wenn die Nieren nicht richtig „arbeiten", werden Stoffwechselschlacken, vor allem aus dem Eiweißstoffwechsel (Harnstoff), und andere für den Organismus schädliche Substanzen nicht ausreichend aus dem Blut entfernt und verursachen Schäden an den verschiedensten Organen. Die kranken Nieren können bei ihrer Filtertätigkeit das Wasser aus dem Blut nur noch ungenügend festhalten und in die Blutbahn zurückführen. Dadurch gehen dem Organismus ständig große Mengen an Wasser, Salzen, wasserlöslichen Vitaminen und Kalzium verloren.

Zunächst können die Nieren einen teilweisen Funktionsausfall durch vermehrte Arbeit des intakten Gewebes ausgleichen. Viele Hunde, die an einem chronischen Nierenversagen erkrankt sind, zeigen daher anfangs keinerlei Symptome. Erst wenn etwa ²⁄₃ des Nierengewebes verloren sind, treten die ersten Krankheitszeichen auf. Die betroffenen Tiere sind schlapp und lustlos, und beim Spielen werden sie schnell müde. Sie haben wenig Appetit, das Fell ist stumpf und glanzlos. Typisch für eine Nierenerkrankung ist der vermehrte Durst. **Trinkt ein Hund auffallend viel, liegt meist eine Gesundheitsstörung vor.** Gleichzeitig wird vermehrt Urin abgesetzt. Weitere Symptome für eine Nierenfunktionsstörung sind Erbrechen, Appetitlosigkeit und die Unfähigkeit zu schlucken. Viele Hundebesitzer vermuten daher zunächst eine Zahnerkrankung bei ihrem Tier. Ursache der Schluckbeschwerden ist jedoch eine Vergiftung des Gehirns mit Harnstoff, der Stoffwechselschlacke aus der Eiweißverdauung. Die Unfähigkeit zu schlucken ist damit eine zentralnervöse Störung als Folge des Nierenversagens.

Vielfach beobachtet man bei Nierenerkrankungen auch Zahnfleischentzündungen. Wenn gleichzeitig Zahnstein vorhanden ist oder einige Zähne sanierungsbedürftig sind, wird dies häufig irrtümlich als Ursache der Entzündung vermutet. **Vorsicht:** Wird ein nierenkranker Hund zur Zahn- und Zahnfleischbehandlung in Narkose gelegt, kann sich die bis dahin chronische Erkrankung zu einem akuten Nierenversagen wandeln, wobei der Tod meist innerhalb weniger Tage bis Wochen nach der Narkose eintritt. Bei Hunden über 6 Jahren und bei Tieren, die viel trinken, sollte daher grundsätzlich vor jeder Narkose eine Nierenfunktionskontrolle durch eine Blutuntersuchung durchgeführt werden.

Im fortgeschrittenen Stadium einer Nierenerkrankung trocknen die betroffenen Hunde regelrecht aus. Sie scheiden mehr Urin aus, als sie durch Flüssigkeitsaufnahme ersetzen können. Die zunehmende Austrocknung kann man oft an der Hautelastizität (Hautturgor) erkennen. Dazu zieht man eine Hautfalte am Rücken vom Körper leicht weg. Wenn Sie die Haut wieder loslassen, muss die Falte innerhalb von 1 bis 2 Sekunden verschwinden. Bleibt sie länger bestehen oder verstreicht sie gar nicht, ist der Patient stark ausgetrocknet. Der Patient muss umgehend zum Tierarzt! Die nierenkranken Hunde haben im fortgeschrittenen Stadium der Erkrankung eine unangenehme Ausdünstung. Es handelt sich um einen typischen, leicht süßlich-herben Geruch, der in der medizinischen Fachsprache als „urämisch" bezeichnet wird. Der starke Flüssigkeitsverlust beeinträchtigt den Kreislauf, es besteht die Gefahr des Kreislaufversagens (Schock).

Neben der Filterfunktion ist die Niere auch eine Bildungsstätte für ein Hormon (Erythropoetin), das die Bildung von roten Blutkörperchen im Knochenmark anregt. Ist die Niere erkrankt und wird weniger Erythropoetin gebildet, entsteht eine mehr oder weniger stark ausgeprägte Blutarmut (Anämie). Stark anämische Hunde haben blasse bis schneeweiße Schleimhäute.

Therapie: Der Tierarzt wird, nachdem er die Diagnose gestellt hat, zunächst den Flüssigkeits- und Elektrolytverlust durch **Infusionen**

Trinkt ein Hund vermehrt, besteht der Verdacht einer Nierenerkrankung.

ausgleichen. Im fortgeschrittenen Stadium können solche Infusionen in immer kürzeren Abständen notwendig werden. Neben den Infusionen werden Vitamine und Mineralstoffe sowie Nierenschutzpräparate verabreicht. Bei bestehender Infektion kann auch der Einsatz von Antibiotika erforderlich sein. Erythropoetin, das Hormon der Niere, das die Bildung von roten Blutkörperchen anregt, kann in Injektionsform substituiert (ersetzt) werden. Die Injektionen müssen ein- bis zweimal in der Woche verabreicht werden und sind recht teuer.

Wenn Ihr Hund an einer Nierenfunktionsstörung leidet, sollten Sie folgende Punkte
beachten: Dem Tier muss **frisches Wasser**
immer und in ausreichender Menge zur Verfügung stehen. Der starke Flüssigkeitsverlust
durch vermehrten Urinabsatz muss ständig
durch Trinken ausgeglichen werden. Es ist völlig falsch und sehr gefährlich, den häufigen
Urinabsatz durch Wasserentzug „regulieren"
zu wollen. Durch Austrocknung entstehen
dann lebensbedrohliche Kreislaufsituationen.

Damit weniger giftige Stoffwechselschlacken (vor allem Harnstoff) entstehen, sollte
die Nahrung des nierenkranken Hundes
eiweißreduziert sein. Die Diät sollte weniger,
dafür aber hochwertiges Eiweiß in Form von
Milchprodukten (Joghurt, Quark), Geflügelfleisch, magerem Rindfleisch (ohne Flechsen)
oder auch mal aus Ei (Rührei, Spiegelei,
gekochtes Ei) bestehen. Innereien sollten
nicht verfüttert werden. Sie enthalten viel
Phosphat. Nierenkranke Hunde verlieren
jedoch viel Kalzium, sodass beim Verfüttern
von Innereien das Kalzium/Phosphor-Verhält-
nis noch mehr aus dem Gleichgewicht gerät.
Die Ration eines nierenkranken Hundes sollte
zu maximal $\frac{1}{3}$ aus Eiweißträgern (Fleisch,
Milchprodukte, Ei) und $\frac{2}{3}$ aus leicht verdau-
lichen Kohlenhydraten (gekochtes Gemüse,
Kartoffel, Reis usw.) bestehen. Beim Tierarzt
gibt es auch spezielles Diätfutter in Dosen für
nierenkranke Hunde, die Sie als Alternative
zum Frischfutter zum Beispiel im Urlaub verfüttern können.

Der nierenkranke Hund verliert über den
Urin Kochsalz. Geben Sie ihm daher täglich
eine Messerspitze Kochsalz pro 10 kg Körpergewicht ins Futter. Wasserlösliche Vitamine,
vor allem Vitamin C und die Vitamine der
B-Gruppe sowie Kalzium werden ebenfalls
vermehrt ausgeschieden und müssen ersetzt
werden. Eine Messerspitze Vitamin-C-Pulver
pro 10 kg Körpergewicht sowie Vitamin-B-
und Kalzium-Präparate in Tabletten und
Pulverform (die Dosierung nach Beipackzet-

tel) sollten dem Patienten täglich gegeben
werden.

Stresssituationen können die Nierendurch-
blutung herabsetzen und den Krankheitsverlauf beschleunigen. Vermeiden Sie daher jegli-
chen unnötigen Stress bei Ihrem Hund. Nässe,
Kälte und körperliche Überlastung sind ebenfalls zu vermeiden. Kurzhaarige Hunde sollten
im Winter einen Kälteschutz tragen. Schwimmen in kalten Flüssen oder Seen sowie
anstrengende Bergtouren sollten Sie dem
kranken Hund nicht zumuten.

Vorbeugung: Die schleichende Verschlimmerung eines Nierenleidens erfordert eine recht-
zeitige Behandlung, um das Leben des Patienten noch lange lebenswert zu erhalten. Die
Therapie sollte am besten schon beginnen,
bevor die ersten Symptome auftreten. Dies ist
möglich, wenn der Hundebesitzer bei seinem
vierbeinigen Freund einmal im Jahr eine
umfassende Gesundheitskontrolle durchführen lässt. Durch die Bestimmung der Nieren-
werte im Blut sowie des spezifischen Gewichts
des Urins kann der Tierarzt eine Schädigung
der Filterorgane frühzeitig erkennen und
behandeln.

Gefahr für den Menschen: keine.

Naturheilkunde

Lespedeza capita ist eine Heilpflanze aus
Nordamerika mit harnstoffsenkender Eigenschaft. Ein Fertigextrakt aus dieser Heilpflanze wird bei eingeschränkter Nierenfunktion auch beim Hund mit Erfolg zur
Entfernung der giftigen Stoffwechselschlacke
aus dem Blut eingesetzt. 20 bis 30 Tropfen
pro 10 kg Körpergewicht pro Tag werden dem
Hund direkt in die Maulhöhle eingegeben.
Die Tropfen enthalten Alkohol und sollten
daher mit Wasser verdünnt werden.

Blasenentzündung

Leitsymptome

→ häufiges Absetzen kleiner Urinmengen

→ vermehrtes Trinken

→ Unsauberkeit

Allgemeines: Beim Hund wird eine Blasenentzündung (Zystitis) hauptsächlich durch bakterielle Infektionen und durch Harnsteine hervorgerufen. Ist die Blasenschleimhaut durch reizende Faktoren (Blasensteine, Kälte) vorgeschädigt, so vermehren sich gerne ubiquitäre Bakterien (Bakterien, die in der Umwelt immer vorhanden sind) auf dem geschädigten Gewebe und verschlimmern das Krankheitsbild.

Symptome: Die erkrankten Tiere setzen häufiger Urin in kleinen Mengen ab. Sie sind unruhig und wollen immer wieder nach draußen. Manche Hunde, vor allem jüngere, werden unsauber und urinieren in die Wohnung.

Therapie: Bei bakteriellen Infektionen verabreicht der Tierarzt **Antibiotika**. Er kann sie dem Patienten spritzen oder als Tabletten verordnen. Aber wie sie auch gegeben werden, eine Antibiotika-Therapie muss immer, auch bei Besserung oder Verschwinden der Symptome, mindestens 6 bis 7 Tage erfolgen. Nur so kann man sicher sein, dass alle krankmachenden Bakterien abgetötet werden. Wird die Behandlung zu früh abgebrochen, bleiben einige Keime am Leben und können eine Resistenz (Unempfindlichkeit) gegenüber dem angewandten Antibiotikum entwickeln. Alle Nachkommen resistenter Bakterien können nun nicht mehr mit diesem Antibiotikum behandelt werden. Es kommt zu gefährlichen, schwer behandelbaren Rückfällen der Krankheit. Spricht das eingesetzte Antibiotikum nicht an, liegt wahrscheinlich bereits eine Resistenz des Erregers gegen das Medikament

Das Sitzen auf kaltem Untergrund kann eine Blasenentzündung auslösen.

vor. Der Tierarzt wird nun eine bakteriologische Untersuchung des Urins veranlassen. Dabei werden die krankmachenden Keime im Urin identifiziert und anhand eines **Antibiogramms** wird getestet, welches Antibiotikum noch wirksam ist.

Bakteriell ausgelöste Blasenentzündungen sollten immer mit Antibiotika behandelt werden! Nieren- und Blasentees helfen zwar häufig, die Symptome zu lindern, zur vollständigen Eliminierung krankmachender Keime reicht ihre Wirkung jedoch meist nicht aus. Die Gefahr einer aufsteigenden Infektion zu den Nieren ist zu groß, um ein Risiko einzugehen. Sind Blasensteine die Ursache der Blasen-

Naturheilkunde

Bei Hunden, die an Blasenentzündungen akut erkrankt sind oder zu Zystitis neigen, hat sich **Zinnkraut** (*Equisetum arvense*) bewährt. 50 ml pro 10 kg Körpergewicht abgekühlten Zinnkrautabsud unter das Futter gemischt, wird von den meisten Hunden ohne Probleme angenommen. Zinnkraut sollte über längere Zeit (mehrere Wochen) gegeben werden. Es stabilisiert die Abwehrkräfte der Harnorgane gegen Infektionen. Bei akuten Entzündungen wirkt es beruhigend und schmerzlindernd auf die Blasenschleimhaut. Das Zinnkraut wird 20 Minuten gekocht, abgeseiht und abgekühlt dem Patienten unter das Futter gemischt.

entzündung, muss eine spezielle Therapie eingeleitet werden.

Hunde mit einer Zystitis müssen warmgehalten werden. Wenn es sich der Hund gefallen lässt, unterstützt Rotlichtbestrahlung (ein- bis zweimal täglich) auf den Bauch oder ein Wärmekissen den Heilungsprozess. Es ist keine böse Absicht, wenn ein blasenkranker Hund in der Wohnung Urin absetzt. Eine Bestrafung aus diesem Grund würde er nicht verstehen und wäre völlig sinnlos.

Vorbeugung: Im Winter sollten kurzhaarige Hunde einen **Kälteschutz** tragen. Schwimmen in Seen oder Flüssen ist während der kalten Jahreszeit grundsätzlich verboten. Die Aufforderung zum „Sitz" zum Beispiel vor einer Straßenüberquerung als Erziehungsmaßnahme sollte an kalten, nassen Tagen unterbleiben. Die unmittelbare Kälteeinwirkung beim Sitzen auf kaltem Asphalt fördert Blasenentzündungen.

Gefahr für den Menschen: keine.

Blasensteine

Leitsymptome

→ häufiges Absetzen von oft blutigem Urin

→ vergebliche Versuche, Urin abzusetzen

→ vermehrtes Trinken

Allgemeines: Die Ursache von Urolithiasis (Steinbildung im Bereich der harnabführenden Organe) ist bis heute noch nicht eindeutig geklärt. Es handelt sich um eine **Stoffwechselstörung**, wobei sich Substanzen (Kristalle), die normalerweise mit dem Urin problemlos ausgeschieden werden, zu Steinen zusammenballen. Verschiedene Theorien werden diskutiert: So vermutet man zum einen bestimmte Bakterien als Kristallisationskern, worum sich das Steinmaterial ansammelt. Eine andere Theorie erklärt die spontane Entstehung durch Übersättigung des Urins mit Kristallen aus dem Stoffwechsel ohne Beteiligung von Bakterien. Warum es aber zu einer übermäßigen Konzentration der Kristalle im Urin kommt, ist noch unklar. Nur beim **Dalmatiner** weiß man es genau, hier handelt es sich um einen genetischen Defekt. Während bei anderen Hunderassen die Harnsäure (Abfallprodukt aus dem Eiweißstoffwechsel) vor dem Ausscheiden weiter abgebaut wird, fehlt dieser Stoffwechselschritt bei einigen Dalmatinern. Die schwer lösliche Harnsäure gelangt unverändert in den Urin und kann dort, je nach Konzentration, zu Uratsteinen führen.

Beim Hund gibt es Steine verschiedenster Zusammensetzung: **Struvitsteine**, auch Tripelphosphat genannt, weil sie aus drei Komponenten zusammengesetzt sind, bestehen aus Magnesium, Ammonium und Phospat. Es sind die häufigsten Harnkonkremente (Ablagerungen) beim Hund. Sie lösen sich im sauren Milieu auf. **Kalziumoxalatsteine** bestehen aus Kalzium und Oxalat. **Zystinsteine** findet man

Aufgrund eines Gendefektes scheiden Dalmatiner schwer lösliche Harnsäure aus, wodurch Uratsteine entstehen können.

hauptsächlich beim Dackel, **Uratsteine** werden fast nur beim Dalmatiner gefunden.

Symptome: Durch die Reizung der oft kantigen Blasensteine entstehen immer wieder Entzündungen der Blasen- und Harnröhrenschleimhaut. Die Patienten sind unruhig und setzen häufig Urin in kleinen Mengen ab. Der Urin ist oft blutig. Die Tiere haben offensichtlich Schmerzen im Unterbauch, im Bereich der Blase besteht Druckempfindlichkeit. Bei großen Steinen besteht die Gefahr, dass durch sie die Harnröhre verschlossen wird. Der Urin kann dann nicht mehr abfließen, es kommt zum Rückstau in die Nieren. Innerhalb weniger Stunden kann dies zu irreversiblen (nicht wieder rückgängig zu machenden) Schäden an den Filterorganen bis hin zum absoluten Nierenversagen führen. Der **Verschluss der**

Harnröhre mit Blasensteinen ist eine **Notfallsituation** und muss umgehend tierärztlich behandelt werden.

Therapie: Die Behandlung bei Blasensteinen ist je nach Zusammensetzung der Konkremente verschieden. Struvitsteine lösen sich im sauren Milieu auf. Daher wird (vorausgesetzt es besteht kein lebensbedrohlicher Verschluss) zunächst durch Medikamente der Urin angesäuert. In vielen Fällen führt dies zum Erfolg. Bei Kalziumoxalat-, Zystin- und Uratsteinen verschlimmert das Ansäuern des Urins jedoch das Krankheitsbild. Sie müssen immer chirurgisch entfernt werden. Nach der Operation muss bei diesen Steinen der Urin alkalisiert (basisch gemacht) werden, um eine Neubildung zu verhindern. Es besteht also ein grundsätzlicher Unterschied bei der Behandlung der einzelnen Blasensteinarten. Daher ist es wichtig, vor jeder Therapie zunächst eindeutig festzustellen, um welche Art von Konkrementen es sich handelt. Bei Laboruntersuchungen findet man bei den betroffenen Hunden häufig im Urin mikroskopisch kleine Kristallteile, die auf ihre Zusammensetzung analysiert werden können. Ist dies nicht möglich, werden die Steine nach der operativen Entfernung untersucht. Röntgenaufnahmen oder Ultraschalluntersuchungen geben Aufschluss über die Größe der Blasensteine. Je größer der Stein, desto größer die Gefahr eines Harnröhrenverschlusses.

Je nach Art der Blasensteine verordnet der Tierarzt Medikamente, die auch nach einer Operation lebenslang eingenommen werden müssen, um die Neubildung von Steinen zu verhindern. Zusätzlich ist die Einhaltung einer speziellen, für jeden Steintyp unterschiedlichen Diät erforderlich. Hunde, die zur Harnsteinbildung neigen, müssen immer genügend Wasser zur Verfügung haben. Trinkt der Hund viel, können Stoffwechselendprodukte, die für die Harnsteinbildung verantwortlich sind, schneller und besser aus dem Körper ausgeschwemmt werden. Neben der Gabe der vom

Naturheilkunde

Es gibt keine spezielle Therapie aus der Naturheilkunde gegen die verschiedenen Blasensteine. Durch **Zinnkrautabsud** (50 ml pro 10 kg Körpergewicht) in jedem Futter werden die harnabführenden Wege durch den hohen Gehalt an Silizium in dem Heilkraut gestärkt und es wird zusätzlich Flüssigkeit zugeführt. Die empfindliche Schleimhaut von Blase und Harnröhre erhält mehr Widerstandskraft gegen die scharfkantigen Kristalle. Durch die vermehrte Flüssigkeit werden Kristalle besser ausgeschwemmt. **Vorsicht**: Bei Hunden mit Kalziumoxalatsteinen sollte Zinnkraut wegen seines Gehaltes an Oxalsäure nicht eingesetzt werden. Als Alternative kann bei diesen Hunden ein Aufguss aus **Wacholderbeeren** (*Juniperus communis*) verabreicht werden. 10 g Wacholderbeeren werden mit 500 ml kochendem Wasser überschüttet, 10 Minuten ziehen gelassen und abgeseiht. Diese Flüssigkeitsmenge kann einem Hund bis 10 kg Körpergewicht über den Tag verteilt unter das Futter gemischt werden.

Tierarzt verordneten Medikamente müssen spezielle Diätvorschriften eingehalten werden:

- **Struvitsteine.** Die Diät für Hunde, die zu Stuvitsteinen neigen, sollte magnesiumarm sein: gekochtes Muskelfleisch (die Brühe wegen ihres hohen Magnesiumgehaltes verwerfen), Quark, gekochter Reis, Ei. Der Urin muss durch Medikamente angesäuert werden.
- **Kalziumoxalatsteine.** Die Diät sollte oxalat- und kalziumarm sein. Zu vermeiden sind daher Milchprodukte, Gemüse, Vitamin C und Kochsalz. Der Urin muss durch Medikamente alkalisiert (basisch gemacht) werden.
- **Zystinsteine und Uratsteine.** Da Zystin und Urat Stoffwechselendprodukte aus dem Eiweißstoffwechsel sind, sollte die Diät eiweißarm sein. Füttern Sie weniger Fleisch (nur $\frac{1}{3}$ der Ration), dafür jedoch hochwertigeres Eiweiß: Fisch, Milchprodukte, Geflügelfleisch. Zusätzlich kann gekochtes Gemüse gegeben werden. Der Urin muss durch Medikamente alkalisiert werden. Es darf kein Vitamin C gegeben werden.

Vorbeugung: Da möglicherweise Bakterien Auslöser für die Bildung von Blasensteinen sind, sollte jede, auch noch so geringfügige Blasenentzündung unverzüglich tierärztlich behandelt werden. Hunde dürfen nie dürsten. Bei längeren Spaziergängen sollten Sie immer etwas Wasser mitnehmen und dem Hund von Zeit zu Zeit anbieten. Trockenfutter konzentriert den Urin und sollte, wenn überhaupt, nur mit Wasser oder Brühe eingeweicht verfüttert werden.

Gefahr für den Menschen: keine.

Harninkontinenz

Leitsymptom

→ unkontrollierter Urinabsatz (meist im Schlaf)

Allgemeines: Unter Inkontinenz versteht man unwillkürlichen Harnabgang, der hauptsächlich bei kastrierten Hündinnen vorkommt. In diesen Fällen handelt es sich wahrscheinlich um eine hormonbedingte Funktionsstörung. Auffallend ist, dass vor allem Hunde großer Rassen sowie Tiere mit kupierten Ruten (Schwänzen) – heute erfreulicherweise kaum mehr gesehen – und Hündinnen, denen bei der Kastration die Gebärmutter mitentfernt wurde, betroffen sind. Eine Inkontinenz kann jedoch auch bei Erkrankungen des Rückenmarks (z. B. nach Verletzungen), des Gehirns oder des Blasenschließmuskels auftreten. Auch Bindegewebsschwäche mit Vorfall der

Harnblase kann dafür verantwortlich sein. Im Zusammenhang mit einer schweren Blasenentzündung kann Harninkontinenz ein vorübergehendes Symptom sein.

Symptome: Das Tier ist nicht in der Lage, den Harnabsatz zu kontrollieren. Es verliert tropfenweise Urin, besonders im Liegen und während des Schlafens.

Therapie: Der Tierarzt wird durch eine Urinuntersuchung klären, ob eine Blasenentzündung vorliegt. Wenn eine Infektion mit krankmachenden Keimen besteht, werden **Antibiotika** eingesetzt. Liegt keine Blasenentzündung vor, hilft in den meisten Fällen eine Behandlung mit **weiblichen Hormonen**. Die Hunde erhalten zunächst als Einstiegstherapie drei Hormoninjektionen. Bei guter Wirkung wird die Behandlung mit Tropfen oder Tabletten weitergeführt. Besteht die Harninkontinenz aufgrund Schließmuskel- oder Bindegewebsschwäche, führt häufig ein Medikament zum Erfolg, das auch bei Erkrankungen der Atemwege eingesetzt wird.

Inkontinente Hunde verlieren Urin nicht mit böser Absicht. Meist haben ältere Hunde, die ihr ganzes Leben lang niemals unsauber waren, ein „schlechtes Gewissen", wenn sie den Urin auf dem Boden bemerken. Auch wenn die Verschmutzung der Wohnung für den Besitzer sicherlich unangenehm ist, wäre eine Bestrafung des Tieres sinnlos.

Vorbeugung: Das Kupieren von Ruten ist in Deutschland verboten. Es empfiehlt sich, Hündinnen vor der ersten Läufigkeit mit etwa 8 bis 9 Monaten zu kastrieren. Bei jungen Tieren ist die Gebärmutter in der Regel gesund und muss bei der Kastration nicht mitentfernt werden. Damit ist das Risiko für die Entstehung von Harninkontinenz nach der Kastration geringer.

Gefahr für den Menschen: keine.

Erkrankungen der Fortpflanzungsorgane

Weibliche Tiere

Scheinträchtigkeit

Leitsymptome
→ Anschwellen des Gesäuges, Milchbildung
→ „Nestbau"

Allgemeines: Die Scheinträchtigkeit der Hündin ist keine Erkrankung. Es handelt sich um einen **natürlichen Vorgang**, der ursprünglich in einem Wolfsrudel dazu diente, Welpen aufzuziehen, ohne dass Hündinnen selbst trächtig gewesen sind. In einem Wolfsrudel gebärt in der Regel nur die Alpha-Wölfin (das weibliche Leittier). Die anderen weiblichen Wölfe im Rudel säugen und betreuen die Welpen der Anführerin mit. Normalerweise wird jede Hündin 4 bis 6 Wochen nach der Läufigkeit mehr oder weniger auffällig scheinträchtig. Nach 10 bis 15 Tagen vergeht dieser Zustand von selbst. Erst wenn die Scheinträchtigkeit

Scheinträchtige Hündin „bemuttert" Stofftiere.

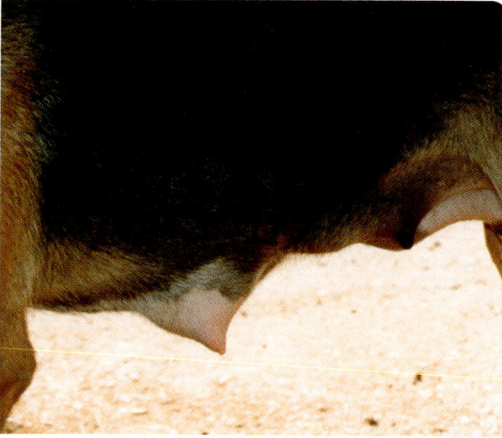

Rötungen und Schwellungen eines oder mehrerer Gesäugekomplexe sind Symptome einer Mastitis.

länger als 3 Wochen anhält oder Entzündungen am Gesäuge auftreten, kann man von einem krankhaften Prozess sprechen. Hündinnen, die zur Verhinderung der Läufigkeit mit Hormonen behandelt wurden, können unabhängig von einer Läufigkeit zu jeder Zeit scheinträchtig werden.

Symptome: Das Verhalten der Hündin ist während der Scheinträchtigkeit verändert. Sie hat oft eine Abneigung das Haus zu verlassen,

Naturheilkunde

Durch seine leicht ausschwemmende Wirkung hat die Anwendung von **Zinnkraut** (*Equisetum arvense*), in der Botanik Ackerschachtelhalm genannt, auch bei Scheinträchtigkeit ihre Berechtigung. Zwei Tassen Zinnkrauttee pro 10 kg Körpergewicht werden der Hündin abgekühlt über den Tag verteilt dem Futter zugesetzt. Schwellungen des Gesäuges gehen dadurch merklich zurück. Die Blätter von **Kohl** (*Brassica oleracea*) auf das angeschwollene Gesäuge der Hündin gelegt, vermindern die Spannung und lindern dadurch eventuelle Beschwerden.

baut ein „Nest", bemuttert imaginäre Welpen (z. B. Spielzeug) und verteidigt diese gegenüber dem Besitzer. Meist besteht Appetitlosigkeit, jedoch ohne beängstigenden Gewichtsverlust. In vielen Fällen produziert das Gesäuge der Hündin Milch.

Therapie: Bei einer Mastitis (Entzündung des Gesäuges) wird der Tierarzt Antibiotika injizieren. Bei ungewöhnlich langer Scheinträchtigkeit helfen Medikamente, welche das Hormon Prolaktin hemmen. Dieses Hormon, das im Gehirn gebildet wird, ist für die Entstehung der Scheinträchtigkeit verantwortlich. Eine Scheinträchtigkeit, die nicht länger als 2 Wochen anhält, muss nicht behandelt werden.

Der Besitzer kann die Symptome der Scheinträchtigkeit abmildern, indem er die Hündin von ihrer angeblichen „Pflicht der Welpenbetreuung" ablenkt. Viel Spazierengehen und Entfernen des welpensimulierenden Spielzeugs hilft in vielen Fällen, die Zeit der Scheinträchtigkeit abzukürzen. Das Gesäuge sollte täglich kontrolliert werden. Entstehen Schwellungen und Rötungen, empfiehlt es sich, einen Tierarzt aufsuchen. Er entscheidet, ob eine Gesäugeentzündung vorliegt, die mit Antibiotika behandelt werden muss. Meist genügen bei Schwellungen der Milchdrüsen Umschläge mit kaltem Wasser, um eventuelle Beschwerden des Patienten zu lindern.

Vorbeugung: Die Kastration der Hündin vor der ersten Läufigkeit (mit etwa 8 bis 9 Monaten) verhindert das Entstehen einer Scheinträchtigkeit. Hormone zur Verhinderung einer Läufigkeit sollten nur in Ausnahmefällen angewandt werden (z. B. bei herzkranken Hündinnen, die nicht operiert werden können).

Gefahr für den Menschen: keine.

Gesäugetumoren

Leitsymptom

→ Geschwulstbildung im Gesäuge

Allgemeines: Die Ursache für Gesäugekrebs ist sicherlich ein multifaktorielles Geschehen, das heißt viele Einflüsse müssen zusammenkommen, bis Körperzellen entarten und sich als Krebszellen vermehren; eine einzige Ursache scheint Krebs nicht auszulösen. Eine genetische Prädisposition (Veranlagung) ist für einige Hunderassen bewiesen. Zu ihnen gehören vor allem Boxer, Schäferhunde, Pudel und Dackel. Bei Hündinnen dieser Rassen treten gehäuft Tumoren im Gesäuge auf. Auch hormonelle Faktoren können dazu beitragen, Gesäugekrebs auszulösen. Hündinnen, die nicht kastriert sind, erkranken zu einem höheren Prozentsatz an Tumoren der Milchdrüsen. Bei Hündinnen, die nach der ersten Läufigkeit kastriert werden, ist der Prozentsatz der Erkrankungen deutliche geringer. Noch seltener tritt Gesäugekrebs bei solchen Hunden auf, die **vor der ersten Läufigkeit** kastriert werden. Die hormonelle Unterdrückung der Läufigkeit durch Injektionen oder Tabletten kann Gesäugekrebs auslösen.

Symptome: Gesäugekrebs zeigt sich im Anfangsstadium als ein oder mehrere kleine Knoten in den Milchdrüsenkomplexen. Diese Knoten wachsen, können sich entzünden und aufbrechen. Dabei entstehen große, eitrige, nicht mehr heilende Wunden. Ob ein Tumor gut- oder bösartig ist, kann nur durch eine histologische (feingewebliche) Untersuchung mit Sicherheit geklärt werden. Bösartige Tumoren metastasieren (streuen) recht schnell in andere Organe, vorwiegend in die Lunge.

Therapie: Solange die Tumoren des Gesäuges klein sind, verursachen sie keine Beschwerden. Sobald aber auch nur der kleinste Knoten entdeckt wird, sollte jedoch so schnell wie möglich **operiert** werden. Wird der Gesäugekrebs im Frühstadium festgestellt und operiert (sofern es der Allgemeinzustand des Hundes zulässt), besteht eine große Chance auf völlige Heilung. Wird der Tumor erst im fortgeschrittenen Stadium entdeckt, sollte vor der Operation eine Röntgenuntersuchung durchgeführt werden. Bei bereits bestehenden Metastasen (Tochtergeschwulsten) in der Lunge ist eine Operation nicht mehr sinnvoll. Ist die Lunge jedoch tumorfrei, haben auch Hunde mit fortgeschrittenen Gesäugetumoren eine reelle Chance auf Gesundung. Betroffene unkastrierte Hündinnen sollten unbedingt (am besten zusammen mit der Tumoroperation) kastriert werden, um einem Wiederauftreten des Tumors (Rezidiv) vorzubeugen.

Nach einer Tumoroperation empfiehlt es sich, die **körpereigene Abwehr** des Tieres medikamentös zu stärken. Dazu stehen dem Tierarzt viele Möglichkeiten zur Verfügung: Eigenblutbehandlungen, Paramunisierung (medikamentöse Stärkung der unspezifischen Abwehr), Enzymbehandlung. Welche Nachbehandlung für den Patienten geeignet ist, kann der Tierarzt nur im Einzelfall entscheiden.

Viele Wissenschaftler vermuten, dass eine psychische Komponente an der Entstehung von Krebs beteiligt ist. Durch Stress wird das Immunsystem negativ beeinflusst. Die körpereigenen Abwehrkräfte, speziell die natürlichen Krebskillerzellen (NK), sinken. Diese Killerzellen haben die Aufgabe, einzelne im Körper auftretende entartete Zellen zu eliminieren. Sinkt die Zahl der natürlichen Killerzellen, steigt die Gefahr von Geschwulstbildung. Und hier beginnt die häusliche Behandlung. Achten Sie darauf, dass Ihr vierbeiniger Freund nicht dauerhaft einer für ihn unerträglichen und unausweichlichen Situation ausgesetzt ist. Beispiele für psychisch belastende und damit das Immunsystem schwächende Situationen sind:

- viele Stunden allein sein (z. B. bei berufstätigen Besitzern)

Naturheilkunde

Präparate aus der Naturheilkunde sind keine Alternative zur Operation. Nach einer erfolgreichen Entfernung der Geschwulst allerdings erfüllen sie ausgezeichnete Dienste bei der Stärkung des Immunsystems. **Roter Sonnenhut** (*Echinacea purpurea*) ist als Fertigpräparat in Tropfenform erhältlich. Ein Tropfen pro kg Körpergewicht pro Tag sollten dem operierten Hund mehrere Wochen und Monate gegeben werden. Die **Mistel** (*Viscum album*), gut bekannt als Dekorationspflanze zur Weihnachtszeit, ist eine anerkannte Heilpflanze gegen Krebs. Sie wird auch in der Humanmedizin bei den unterschiedlichsten Geschwulstarten eingesetzt. Neben ihrer zytostatischen (das Zellwachstum bzw. die Zellteilung hemmenden) Eigenschaft stärkt sie gleichzeitig das Immunsystem und fördert die Bildung von natürlichen Killerzellen gegen Krebs. Mistelpräparate gibt es als Injektionslösungen. Fragen Sie Ihren Tierarzt nach dieser pflanzlichen Therapiemöglichkeit.

- Langeweile und Vereinsamung durch zu wenig Auslauf und Zuwendung
- erzwungenes Zusammenleben mit einem dominanten Artgenossen ohne Ausweichmöglichkeiten
- ständige Überforderung durch sinnlose Ausbildungen oder dem Charakter des Hundes nicht entsprechende Aufgaben (ängstlicher Hund als Wachhund)

Es gibt sicherlich noch viele andere Beispiele für Situationen, in denen ein Hund dauerhaft belastet ist. Ein wirklicher Hundefreund wird nach Möglichkeit versuchen, seinem Tier ein glückliches und hundegerechtes Leben zu ermöglichen.

Vorbeugung: Wie beim Menschen hat sich auch bei der Hündin die regelmäßige **Krebsvorsorgeuntersuchung** bewährt. Dabei wird das Gesäuge gründlich abgetastet. Der Besitzer eines Hundes kann dies beim „Bauchkraulen" immer wieder, mindestens jedoch einmal im Monat durchführen. Einmal jährlich (beim Impftermin) sollte das Gesäuge vom Tierarzt kontrolliert werden. Schon kleinste Knötchen können so entdeckt und frühzeitig operiert werden. Alle Hündinnen, mit denen nicht gezüchtet wird, vor allem die weiblichen Tiere der gefährdeten Rassen (Schäferhund, Boxer, Pudel, Dackel) sollten vor der ersten Läufigkeit (allerdings nicht früher als mit 8 bis 9 Monaten) kastriert werden. Hormonbehandlungen zur Unterdrückung einer Läufigkeit oder zur Verhinderung einer Trächtigkeit nach einem ungewollten Deckakt können Gesäugekrebs auslösen und sollten nach Möglichkeit unterbleiben.

Gefahr für den Menschen: keine.

Gebärmuttervereiterung

Leitsymptome

→ vermehrte Flüssigkeitsaufnahme

→ Appetitlosigkeit, Schwäche

→ Scheidenausfluss (nicht immer!)

Allgemeines: Die medizinische Bezeichnung für Gebärmuttervereiterung ist **Pyometra**. Eine Pyometra entsteht häufig bei Hündinnen ab dem 6. Lebensjahr, aber auch jüngere Tiere können betroffen sein. Die Vagina (Scheide) des weiblichen Tieres ist nicht steril. Auf den Schleimhäuten der Vagina befinden sich Bakterien, die normalerweise von einem intakten Immunsystem unter Kontrolle gehalten werden. Sind die körpereigenen Abwehrkräfte jedoch geschwächt (z. B. bei älteren Hündinnen, bei Erkrankungen oder Stress) oder bei hormonellen Veränderungen (Läufigkeit, Einsatz von Hormonpräparaten), können sich die Bakterien vermehren, in die Gebärmutter eindringen und dort meist eitrige Entzündungen hervorrufen. Die Pyometra selbst ist nicht von Hund zu Hund übertragbar. Manche Rüden leiden jedoch an einem Vorhautkatarrh (eitrige Entzündung der Vorhaut) und beim Deckakt mit einem solchen Rüden werden dann Eiterbakterien in die Scheide der Hündin eingebracht, die dann auch die Gebärmutter erreichen. Bei schlechter Abwehrlage kann sich daraufhin eine Pyometra entwickeln.

Symptome: Häufig tritt die Pyometra etwa 4 bis 10 Wochen nach der Läufigkeit auf. Eines der auffallenden Symptome ist vermehrter Durst (im Vergleich zur vorherigen Wasseraufnahme). Die Tiere sind schlapp und appetitlos. In manchen Fällen besteht ein eitriger, übel riechender Scheidenausfluss, der auch manchmal leicht blutig sein kann. Die Krankheitszeichen sind anfangs meist noch undeutlich. Im fortgeschrittenen Stadium dramatisiert sich jedoch der Gesundheitszustand des Tieres. Es besteht Fieber und extreme Schwäche, wobei die Hündin nur mit Mühe laufen kann und oft mit den Hintergliedmaßen einbricht. Durch die massiven Eiteransammlungen in der Gebärmutter kommt es zu einer zunehmenden **Vergiftung des gesamten Organismus** (Sepsis). Die Nieren werden stark belastet. Im Endstadium einer unbehandelten Pyometra versagen meist die Nieren oder die Hündin stirbt im **Schock**.

In manchen Fällen, wenn das Immunsystem leistungsfähig genug ist die Erreger erfolgreich zu bekämpfen, sind die Symptome mehrere Zyklen hindurch recht unauffällig und vergehen sogar nach einiger Zeit wieder. Allerdings besteht bei Hunden, die an solchen **latenten** (unterschwelligen) **Gebärmutterentzündungen** erkranken, mit fortschreitendem Alter immer die Gefahr, dass aus der latenten eine lebensbedrohliche Pyometra wird. Latente Gebärmuttervereiterungen führen durch die Dauerbelastung der Filterorgane mit Eiterbakterien oft zu irreversiblen (nicht wieder gut zu machenden) Nierenschäden.

Therapie: Das Mittel der Wahl bei einer

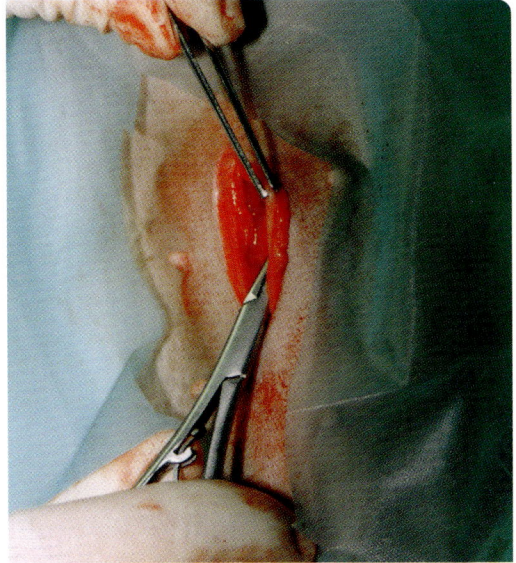

Die Kastration ist, wenn sie vor der ersten Läufigkeit durchgeführt wird, ein relativ kleiner Eingriff.

Pyometra ist die schnellstmögliche Entfernung der erkrankten Gebärmutter. Vor, während und nach der **Operation** wird der Tierarzt den Kreislauf des Patienten mit Infusionen und Kreislaufpräparaten stabilisieren. **Antibiotika** bekämpfen die von der Gebärmutter in den Organismus übergetretenen Bakterien.

Eine konservative (das heißt nicht chirurgische) Behandlung einer Pyometra wird heute nicht mehr empfohlen. Auch wenn in leichten Fällen durch hohe Antibiotikagaben eine kurzfristige Heilung erreicht wird, erkrankt die so behandelte Hündin mit hoher Wahrscheinlichkeit im Laufe der nächsten Zyklen erneut. Dann allerdings ist sie wieder etwas älter, wodurch die Überlebens- und Heilungschancen bei einer ausgeprägten Gebärmuttervereiterung in der Regel schlechter werden.

Vorbeugung: Die effektivste Vorbeugung gegen Gebärmuttererkrankungen ist die Kastration der Hündin, am besten vor der ersten Läufigkeit (allerdings frühestens mit 8 bis 9 Monaten). Hormonpräparate zur Beeinflussung der Geschlechtsfunktion sind aufgrund

Naturheilkunde

Die **Klette** (*Arctium lappa*) wird seit alters her wegen ihrer blutreinigenden Wirkung eingesetzt. Nach erfolgreicher Operation einer Gebärmuttervereiterung hilft die Tinktur aus der Klette-Wurzel den Körper zu entgiften. Lassen Sie sich die Tinktur von Ihrem Apotheker anfertigen und geben Sie der Hündin 2 Wochen lang täglich 5 Tropfen pro 10 kg Körpergewicht in Wasser verdünnt.

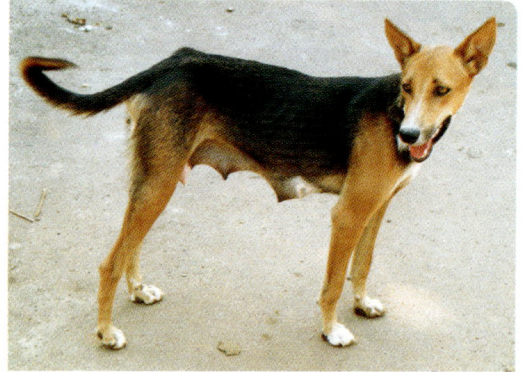

Je mehr Milch eine Hündin produziert, desto größer ist die Gefahr, an Eklampsie zu erkranken.

der gesundheitlichen Risiken beim Hund nicht zu empfehlen.

Gefahr für den Menschen: Durch den eitrigen Scheidenausfluss kann es zu Verschmutzungen der Wohnung kommen. Das ist in der Regel kein ernstzunehmendes Gesundheitsrisiko für den Menschen; für Menschen mit einem intakten Immunsystem besteht keine Gefahr. Allerdings sollten Personen mit Abwehrschwäche (Aidspatienten, Krebspatienten nach einer Chemotherapie) auf absolute Hygiene achten und mit den eitrigen Sekreten aus der Gebärmutter des Hundes nicht in Kontakt kommen.

Geburtstetanie

Leitsymptome

→ Hecheln, Speicheln
→ epilepsieähnliche Krämpfe

Allgemeines: Die Geburtstetanie (Tetanie bedeutet Spannung, hier im Sinne von Krampf) oder auch **Eklampsie** ist ein multifaktorielles Geschehen, das heißt nicht nur eine Ursache, sondern ein ganzer Komplex ist für das Entstehen der Erkrankung verantwortlich. Zwergund mittelgroße Hündinnen sind häufiger betroffen als Tiere größerer Rassen. Man vermutet zum einen eine genetische Disposition (Veranlagung), zum anderen eine Störung im Mineralstoffhaushalt sowie Ernährungsmängel als Auslöser der Tetanie. Je mehr Milch eine Hündin nach der Geburt produziert, desto größer ist die Gefahr, an Eklampsie zu erkranken. Die Verabreichung hoher Kalziummengen während der Trächtigkeit erhöht das Risiko, dass während der Säugezeit Tetanie auftritt.

Symptome: Die Eklampsie tritt meist am Anfang oder in der Mitte der Säugezeit (1 bis 2 Tage bis 3 Wochen nach der Geburt) auf. Sie kündigt sich durch Unruhe, zunehmendes Hecheln, Speicheln und Muskelzittern an. Innerhalb weniger Stunden dramatisiert sich das Krankheitsbild. Es kommt zu Epilepsie ähnlichen Krämpfen, wobei die Hündin bei vollem Bewusstsein ist. Sie liegt dann in Seitenlage mit starr nach hinten gestrecktem Kopf, die Beine in Sägebockstellung. Die innere Körpertemperatur steigt bis auf 42 °C. Ohne Behandlung führt die Erkrankung meist nach kurzer Zeit zum Tod.

Therapie: Die Hündin erhält eine Injektion von **Kalziumboroglukonat** langsam in die Vene, Traubenzuckerinfusionen sowie bei schweren Krämpfen Medikamente, die auch gegen Epilepsie eingesetzt werden. Die Therapie mit Kalziumboroglukonat muss bis zum Absetzen fortgesetzt werden, um ein erneutes Auftreten der Tetanie zu verhindern. Bis zur Besserung der

Symptome müssen die Welpen von Hand aufgezogen werden. Danach dürfen sie wieder zur Mutter, sofern diese nicht zu stark geschwächt ist. Es wird heute nicht mehr empfohlen, die Welpen grundsätzlich abzusetzen, denn die psychische Belastung der Hündin durch das Fortnehmen der Jungen erhöht die Krampfbereitschaft und die Welpen werden ohne Mutterkontakt in ihrer Entwicklung beeinträchtigt.

Eine Geburtstetanie kann während der gesamten Säugezeit immer wieder aufflackern. Beobachten Sie die Hündin daher ganz genau. Schon leichtes Muskelzittern oder auffallende Unruhe können Anzeichen für eine erneute Tetanie sein. Stresssituationen und körperliche Belastung sollten der säugenden Hündin nicht zugemutet werden. Eine liebevolle Behandlung des Tieres ist wohl selbstverständlich.

Vorbeugung: Risikopatienten sind Zwerg- und mittelgroße Hunde, Hündinnen, bei denen nach vorangegangener Trächtigkeit bereits eine Geburtstetanie aufgetreten ist, sowie Tiere, die besonders viel Milch geben. Bei solchen Hündinnen sollten Sie schon vor einer geplanten Trächtigkeit ganz besonders auf vollwertige Ernährung und einen guten Gesundheitszustand achten. Kalzium in Tabletten- oder Pul-

Naturheilkunde

Die Geburtstetanie ist eine lebensbedrohliche Erkrankung und kann alleine mit Naturheilmitteln nicht behandelt werden. Krampfhemmende und beruhigende Präparate wie **Hopfen** (*Humulus lupulus*), **Baldrian** (*Valeriana officinalis*) und **Passionsblume** (*Passiflora incarnata*) unterstützen jedoch die Wirkung des vom Tierarzt injizierten Kalziumboroglukonat. Lassen Sie sich von Ihrem Apotheker eine Tinktur aus allen drei Pflanzen herstellen und geben Sie der Hündin während der gesamten Säugezeit täglich 5 Tropfen pro 10 kg Körpergewicht in Wasser verdünnt direkt in die Maulhöhle.

verform darf während der Trächtigkeit nicht verabreicht werden. Es erhöht die Gefahr für die Hündin an Eklampsie zu erkranken.
Gefahr für den Menschen: keine.

Männliche Tiere

Vorhautkatarrh

Leitsymptome

→ trüber, eitriger Ausfluss aus dem Präputium (Vorhaut)
→ ständiges Lecken am Penis

Allgemeines: Der Rüde schachtet bei Aufregung oder sexueller Erregung häufig den Penis aus. Beim Zurückziehen in die relativ großvolumige Vorhaut können Bakterien von außen mit eingeschleppt werden und zu Entzündungen führen. Bei einem großen Prozentsatz (70 bis 80 %) der männlichen Hunde findet man chronische oder immer wieder auftretende **Präputialkatarrhe** (Vorhautkatarrhe) ohne weitere Beschwerden. Ein Vorhautkatarrh ist nicht von Rüde zu Rüde übertragbar. Beim Deckakt allerdings werden die Bakterien in den Genitaltrakt der Hündin eingebracht. Das kann bei schwacher Immunabwehr für die Entstehung von schweren Entzündungen und Vereiterungen der Gebärmutter (Pyometra) verantwortlich sein.

Symptome: Beim Rüden zeigt sich der Vorhautkatarrh durch Rötungen und Entzündungen der Vorhautschleimhaut mit eitrigem oder sogar blutig-eitrigem Ausfluss. Die betroffenen Hunde sind in ihrem Allgemeinbefinden nicht gestört. Meist reinigen sich die Tiere durch Belecken selbst. In manchen Fällen kann der Ausfluss jedoch so stark sein, dass Teppiche oder Polstermöbel dadurch verschmutzt werden.

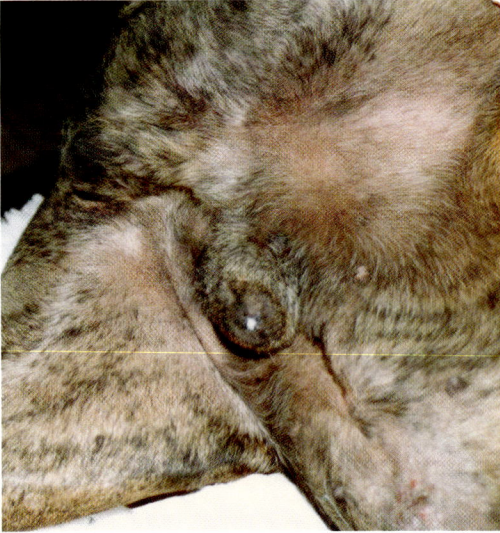

Ein Vorhautkatarrh ist in der Regel harmlos.

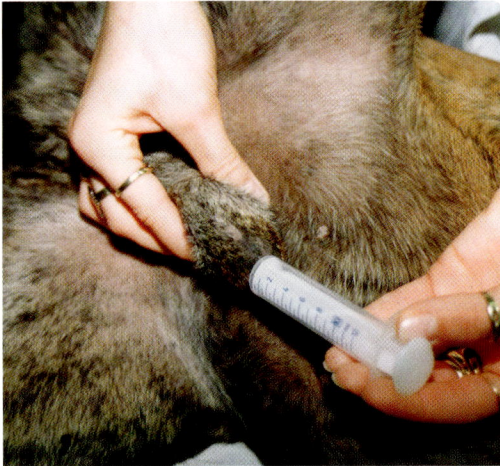

Spülungen des Präputiums lassen sich die meisten Hunde ohne Gegenwehr gefallen.

Therapie: In den meisten Fällen helfen tägliche **Spülungen** mit einer milden Spülflüssigkeit, die der Tierarzt vorrätig hat. Bei dem relativ harmlosen Präputialkatarrh wird die lokale Anwendung von Antibiotika heute nicht mehr empfohlen. Die Gefahr der Sensibilisierung durch die lokale Anwendung im Schleimhautbereich und einer dadurch eventuell entste-

henden allergischen Reaktion ist zu groß. Zudem wird der Präputialkatarrh bei Hunden, die dazu neigen, auch nach erfolgreicher Behandlung nach kurzer Zeit wieder auftreten. Die Belastung des Organismus durch ständigen Antibiotika-Einsatz ist bei einer so harmlosen Störung nicht zu vertreten. Nur in besonders ausgeprägten Fällen sowie zum Schutz der Hündin vor einem geplanten Deckakt werden Antibiotika zur Beseitigung der bakteriellen Infektion in der Vorhaut angewendet.

Im akuten Stadium wird das Präputium täglich einmal gespült, danach zweimal in der Woche. Dazu geben Sie etwa 10 ml der Spülflüssigkeit in die Vorhaut, massieren sie kurz ein und lassen die Flüssigkeit nach unten wieder abfließen. Die meisten Hunde lassen sich diese Prozedur problemlos gefallen.

Vorbeugung: Vor allen in Zeiten, in denen in der Nachbarschaft Hündinnen läufig sind, schachtet der Rüde den Penis häufig aus. Es empfiehlt sich dann Vorhautspülungen vorbeugend zwei- bis dreimal in der Woche durchzuführen, um eingeschleppte Bakterien auszuschwemmen, bevor eine Entzündung entstehen kann.

Gefahr für den Menschen: Für gesunde Menschen besteht keine Gefahr. Immungeschwächte Personen (z. B. Aidspatienten oder Krebspatienten nach einer Chemotherapie) sollten jedoch den Kontakt mit dem infizierten Präputialausfluss meiden.

Naturheilkunde

Vorhautspülungen können auch mit einem Tee aus den Blüten der **Ringelblume** (*Calendula officinalis*) durchgeführt werden. Die Ringelblume wirkt entzündungshemmend, bakterien- und pilzabtötend und fördert die Heilung bereits bestehender Reizungen der Präputialschleimhaut.

Postataerkrankungen

Leitsymptome

→ Kotabsatzstörungen

→ Blutungen aus dem Penis unabhängig
  vom Urinabsatz

Allgemeines: Die Prostata (Vorsteherdrüse) ist eine akzessorische (anhängende) Geschlechtsdrüse. Sie produziert ein klares Sekret, das zusammen mit den Spermien beim Deckakt in den Geschlechtstrakt der Hündin abgegeben wird.

Mit zunehmendem Alter vergrößert sich die Prostata beim Hund in der Regel, ohne dass Beschwerden auftreten. Wenn jedoch die Prostata eine bestimmte Größe überschreitet, spricht man von einer **Prostatahyperplasie** (übermäßige Vergrößerung der Prostata). Entzündungen an der akzessorischen Geschlechtsdrüse können bei Hunden jeden Alters auftreten. Allerdings sind ältere Tiere mit bereits vergrößerter Prostata häufiger betroffen. Eine Entzündung der Prostata wird in der medizinischen Fachsprache als **Prostatitis** bezeichnet. **Tumoren** der Prostata sind glücklicherweise selten. Wenn sie jedoch auftreten, sind sie meist bösartig und neigen schnell dazu, häufig in die Knochen, zu metastasieren (streuen).

Symptome: Eine übermäßig **vergrößerte** Prostata drückt auf den Darm, wodurch eine Verstopfung entstehen kann. Die Patienten versuchen immer wieder erfolglos Kot abzusetzen. Durch das ständige Drücken kommt es bei längerem Krankheitsverlauf nicht selten zu Darmbrüchen (Perinealhernien). **Entzündungen** der Prostata sind sehr schmerzhaft. Häufig bluten die betroffenen Tiere aus dem Penis, unabhängig vom Urinabsatz. Prostataentzündungen entstehen durch aufsteigende Infektionen aus den harnabführenden Wegen und treten zusammen mit einer Blasenentzündung auf. **Pro-**

statatumoren sind anfangs in der Regel symptomlos. Erst wenn sie eine bestimmte Größe überschritten haben, führen sie zu ähnlichen Problemen wie die gutartige Prostatahyperplasie. Die Unterscheidung, ob es sich um einen gutartigen oder bösartigen Prozess handelt, ist oft sehr schwierig.

Therapie: Eine übermäßig vergrößerte Prostata bildet sich durch **Hormoninjektionen** zurück. Wenn die Wirkung der Hormongaben nachlässt, tritt das Problem meist nach einiger Zeit wieder auf. Inzwischen gibt es ein Depotpräparat, das als Implantat unter die Haut injiziert mindestens ein halbes Jahr eine Prostatavergrößerung unterbindet. Dauerhafter Erfolg kann durch eine **Kastration** erreicht werden. Entzündungen der Prostata werden mit dafür geeigneten **Antibiotika** behandelt. Die Behandlung von Prostatatumoren ist meist erfolglos. Eine operative Entfernung der entarteten Drüse wird beim Hund wegen der hohen Komplikationsrate nicht mehr empfohlen, zumal bei Entdeckung des Tumors oft schon Metastasen (Tochterschwülste) in den Knochen entstanden sind.

Da Hunde mit gutartiger Prostatavergrößerung zur Verstopfung neigen, sollten sie, bis zum Wirkungseintritt der Hormonbehandlung, keine Knochen oder sonstigen koteindickenden Futtermittel erhalten. Ein Esslöffel Milch-

Naturheilkunde

Die **weiße Taubnessel** (*Lamium album*) wirkt verkleinernd auf gutartige Prostatavergrößerungen und beruhigend bei Entzündungen dieser Geschlechtsdrüse. Hunde, die zu Prostataproblemen neigen, erhalten täglich einen Tee aus der weißen Taubnessel unter das Futter gemischt. Eine Tasse Tee pro 10 kg Körpergewicht ist ausreichend. Die weiße Taubnessel kann als Dauertherapie auch vorbeugend bei älteren Rüden eingesetzt werden.

zucker oder konzentrierte Ballaststoffe in Pulverform (beim Tierarzt erhältlich) erleichtern den betroffenen Tieren den Kotabsatz.
Gefahr für den Menschen: keine.

Kryptorchismus

> ### Leitsymptom
> → ein oder beide Hoden verbleiben in der Bauchhöhle oder im Leistenkanal

Allgemeines: Kryptorchismus ist eine **Entwicklungsstörung** der männlichen Geschlechtsorgane, deren genaue Ursache nicht bekannt ist. Die Hoden des Hundes liegen vor seiner Geburt noch in der Bauchhöhle des Tieres. Normalerweise steigen sie etwa 4 Tage nach der Geburt ab und sind dann in den kleinen Hodensäckchen schon bald fühlbar. Tiere, bei denen ein oder sogar beide Hoden nicht absteigen, nennt man Kryptorchide. In Ausnahmefällen kann sich die Wanderung eines oder beider Hoden verzögern und erst nach Wochen, manchmal erst nach einigen Monaten abgeschlossen sein. Befinden sich die Hoden bis zur Geschlechtsreife noch immer nicht im Hodensack, ist es sehr unwahrscheinlich, dass sie noch absteigen.
Symptome: Hoden, die in der Bauchhöhle verbleiben, neigen zu Entartung. Man vermutet, dass dieses erhöhte Hodenkrebsrisiko an der für Hoden zu hohen Temperatur in der Bauchhöhle liegt. Auch bei Kryptorchiden, deren Hoden ja vorhanden sind, wenn auch

> ### Naturheilkunde
> Es gibt keine Präparate aus der Naturheilkunde gegen Kryptorchismus. Die chirurgische Entfernung der Bauchhöhlenhoden ist die einzig sinnvolle Behandlung.

nicht an der richtigen Stelle, werden männliche Geschlechtshormone gebildet und in die Blutbahn abgegeben. Beim Eintritt der Geschlechtsreife verhalten sich diese Tiere also genauso wie ihre normal entwickelten Artgenossen. Sie sind deckbereit und deckfähig. Die Spermien, die in kryptorchiden Hoden gebildet werden, sind allerdings in der Regel steril, also unfruchtbar. Der Grund dafür ist auch hier die hohe Temperatur in der Bauchhöhle. Spermien benötigen, um zeugungsfähig zu bleiben, niedrigere Temperaturen, wie sie im Skrotum (Hodensack) vorliegen. Einseitige Kryptorchiden sind durch den abgestiegenen Hoden zeugungsfähig.
Therapie: Spätestens nach dem 18. Lebensmonat sollten kryptorchide Hoden chirurgisch entfernt werden. Dazu bedarf es einer **Bauchoperation**. Von einem erfahrenen Tierarzt durchgeführt, ist diese Operation zwar etwas aufwändiger, jedoch nicht gefährlicher als eine normale Kastration.
Vorbeugung: Die Veranlagung für Kryptorchismus ist erblich. Hunde mit einseitig nicht abgestiegenem Hoden sollten daher – auch wenn sie zeugungsfähig sind – grundsätzlich nicht zur Zucht verwendet werden.
Gefahr für den Menschen: keine.

Hodentumoren

> ### Leitsymptome
> → Form- und Größenveränderung eines oder beider Hoden
> → symmetrischer Haarausfall
> → Schwarzfärbung der Körperhaut

Allgemeines: Knotige Verhärtungen sowie ein- oder beidseitige Vergrößerungen der Hoden kommen vor allem bei älteren Rüden vor. Ob es sich dabei um gutartige oder bösartige Veränderungen handelt, kann nur eine histologische

Naturheilkunde

Zusätzlich zu der operativen Entfernung der entarteten Hoden sollte die körpereigene Abwehr des Patienten gestärkt werden. Ein Tropfen pro kg Körpergewicht **roter Sonnenhut** (*Echinacea purpurea*) sowie ¼ Teelöffel **Vitamin C** (Ascorbinsäure-Pulver) pro 10 kg Körpergewicht täglich ins Futter gegeben fördern die Wundheilung nach der Operation und unterstützen die körpereigenen Abwehrkräfte bei ihrem Kampf gegen streuende Krebszellen.

(feingewebliche) Untersuchung nach chirurgischer Entfernung des veränderten Geschlechtsorgans klären. Kryptorchide Hoden haben ein deutlich höheres Risiko zu entarten als Hoden, die normal abgestiegen sind.

Symptome: Es gibt, je nachdem welcher Teil der Geschlechtsdrüsen betroffen ist, verschiedene Typen von Hodentumoren. Während Tumoren der Leydigschen Zwischenzellen und Seminome kaum körperliche Symptome hervorrufen und selten in andere Organe metastasieren (streuen), gehören die Sertolizelltumoren zu den besonders bösartigen Tumoren. Sie produzieren weibliche Hormone (Östrogene) und streuen häufiger. Ein Alarmzeichen für das Vorliegen eines östrogenproduzierenden Tumors ist das Verhalten anderer Rüden gegenüber dem Patienten. Sie betrachten ihn als Hündin; manche versuchen ihn „zu besteigen". Im fortgeschrittenen Stadium fallen den betroffenen Hunden beidseitig symmetrisch am Bauch, an den Schenkeln und im Bereich des Afters die Haare aus, bis die Tiere dort völlig kahl sind. Die Haut verfärbt sich meist dunkel und wirkt lederartig. Wenn die Krebserkrankung nicht behandelt wird, entstehen durch die Einwirkung der weiblichen Hormone auf den männlichen Organismus schwerste Blutbildveränderungen wie zum Beispiel Anämie und Blutgerinnungsstörungen. Bei Vorliegen von Metastasen (vorwiegend in der Leber und der Lunge) kommen die Symptome der entsprechenden Organerkrankung hinzu.

Therapie: Das Mittel der Wahl ist die **chirurgische Entfernung** des betroffenen Hodens. Wenn noch keine Metastasen bestehen, was durch Röntgen- und Blutuntersuchungen ausgeschlossen wird, besteht durch die Operation eine gute Chance auf völlige Gesundung.

Vorbeugung: Bei Hunden ab dem 6. Lebensjahr sollten die Hoden regelmäßig (am besten beim Impftermin) vom Tierarzt auf Veränderungen abgetastet werden.

Gefahr für den Menschen: keine.

Erkrankungen des Bewegungsapparates

Funktionsstörungen des Bewegungsapparates können vielfältige Ursachen haben. Von relativ harmlosen Prellungen und Verstauchungen über schwerwiegendere Fehlentwicklungen, Brüche, Infektionen und Arthrosen bis hin zu Knochentumoren lassen sie sich in ihrem Erscheinungsbild oft nicht genau unterscheiden. Vielfach sind Röntgen- oder Ultraschalluntersuchungen notwendig, um eine exakte Diagnose stellen zu können. Hunde mit Symptomen, die auf eine Erkrankung des Bewegungsapparates hinweisen, müssen unverzüglich in tierärztliche Hände. Je früher eine Behandlung eingeleitet wird, desto größer ist die Chance auf Heilung. Werden Störungen des Bewegungsapparates „verschleppt", entstehen nicht selten irreversible Schäden (z. B. Arthrosen an den Gelenken), welche die Lebensfreude des Tieres stark beeinträchtigen. Im Anschluss an die tierärztliche Behandlung oder in Absprache mit Ihrem Tierarzt auch parallel zur Behandlung sollten Sie mit Ihrem Hund zu einem Hunde- oder Tierphysiotherapeuten gehen – gezielte Krankengymnastik hat schon vielen am Bewegungsapparat erkrankten Hunden geholfen.

Bandscheibenvorfall („Dackellähme")

Leitsymptome

→ Lähmung der Vorder- oder Hinterglied-
  maße(n) (ein- oder beidseitig)

→ Schmerzen

→ Kot- und Urinabsatzstörungen

Allgemeines: Die sogenannte Dackellähme (Diskusprolaps) ist der „Supergau" eines häufig über Jahre bestehenden **Bandscheibenschadens** (Diskopathie). Es handelt sich um einen akuten Bandscheibenvorfall, der häufig bei langrückigen Hunden (Dackeln) auftritt, was zu der betreffenden Bezeichnung geführt hat. Andere Hunderassen können jedoch auch von dieser Erkrankung betroffen sein. Ursache dieser akuten Notfallsituation ist eine degenerative Veränderung der Bandscheiben, die als Puffer zwischen den einzelnen Wirbeln der gesamten Wirbelsäule liegen. Die Bandscheiben bestehen aus einem relativ festen, aber elastischen Knorpelring (Anulus fibrosus) mit einem inneren weichen Kern (Nucleus pulposus). Ihre Aufgabe ist es, die Bewegungen der Wirbel gegeneinander abzufedern, ähnlich wie die Stoßdämpfer beim Auto.

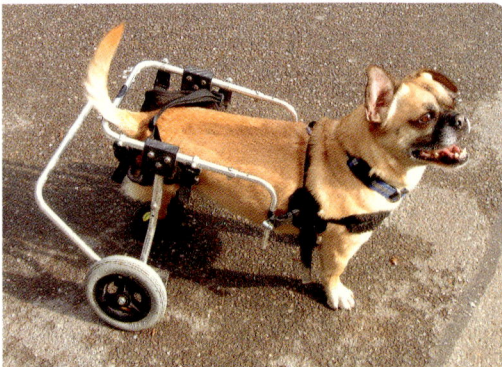

Selbst bei irreparablen Lähmungen kann mit Hilfe eines Rollstuhls ein Hundeleben lebenswert sein.

Bei einigen Hunderassen kommt es bereits im Alter von 4 bis 6 Jahren, manchmal auch früher, vermehrt zur **Verkalkung** der inneren weichen Substanz und zur Degeneration, Auffaserung und später zum Einreißen des festen Knorpelrings. Der innere Kern der Bandscheibe quillt nach außen vor (Bandscheibenvorfall) und drückt auf die Nerven, die aus dem Wirbelkanal austreten. Das führt zu starken Schmerzen und Lähmungen. Zu den besonders häufig betroffenen Rassen gehören vor allem Dackel, Pekinese, Spaniel-Rassen, Pudel und Beagle. Bei den übrigen Rassen treten Bandscheibenprobleme, wenn überhaupt, erst ab einem Alter von 10 Jahren auf.

Symptome: Erste Anzeichen für einen Bandscheibenvorfall sind Schmerzen des Tieres. Dem Besitzer fällt auf, dass der Hund zum Beispiel keine Treppen steigen oder nicht ins Auto springen will. Die Patienten sitzen und laufen mit aufgekrümmtem Rücken und geben häufig laute Schmerzäußerungen von sich, wenn man versucht, sie hochzuheben oder im Rückenbereich abzutasten. Der Gang ist steif und unsicher. Es kann aufgrund der Schmerzen oder Lähmungen der entsprechenden Nervenbahnen zum Verhalten von Kot und Urin kommen. Manchmal treten auch schlagartig Lähmungen ohne vorherige Ankündigung beim Hochspringen oder Treppenlaufen auf. Je nach Sitz des Bandscheibenvorfalls kann es zu Lähmungen der Hintergliedmaße (Lendenwirbelsäule) mit Nachschleifen der Hinterläufe oder Lähmungen der Vordergliedmaße (Halswirbelsäule) kommen.

Therapie: Solange keine Lähmungen bestehen wird der Tierarzt **konservativ**, das heißt nicht chirurgisch behandeln. Entzündungshemmende, abschwellende und schmerzstillende Medikamente verhelfen in den meisten Fällen zu einer schnellen Besserung. Wenn Lähmungen auftreten, wird meist **operiert**. Da es sich bei einem Bandscheibenvorfall jedoch um ein komplexes Geschehen handelt, kann man nicht nach „Schema F" therapieren. Wann konservativ behandelt oder wann operiert wird, muss der Tierarzt nach Beurteilung der Röntgenaufnahmen, des Allgemeinzustandes des Hundes sowie dem Stadium des Bandscheibenvorfalls entscheiden.

Hunde mit **akutem Bandscheibenvorfall** dürfen nicht springen. Vor allem bei kleinen Hunden, die gerne auf dem Sofa oder im Bett liegen, sollte man dies vollständig unterbinden oder Zwischenstufen in Form von Sitzkissen aufbauen. Tagen Sie den Patienten die Treppe hinauf und hinunter und vermeiden Sie lange Spaziergänge. Solange der akute Krankheitsschub anhält, genügt ein kurzes „Gassi gehen" vor die Tür.

Aufgrund der Schmerzen ist die Muskulatur um die Wirbelsäule herum extrem verspannt, was zusätzlich Schmerzen verursacht. Die Applikation von **Wärme** durch Rotlicht, eine Wärmflasche oder Wärmedecke wird von den Patienten mit Bandscheibenproblemen als sehr angenehm empfunden und gerne toleriert. Während der kalten Jahreszeit sollten die betroffenen Hunde einen Kälteschutz tragen („Mäntelchen").

Naturheilkunde

Die **Magnetfeldtherapie** ist eine physikalische Behandlung, die besonders bei Bandscheiben- und Gelenkserkrankungen eine deutliche Besserung der Beschwerden mit sich bringt. Der Patient wird dazu in eine Röhre mit einem pulsierenden Magnetfeld gesetzt. Durch die Therapie kommen seine Körperzellen in Schwingung, die Durchblutung auch tiefer Schichten des Körpers wird angeregt, der Abbau von Entzündungsprodukten gefördert. Die Muskulatur in der Umgebung der erkrankten Bandscheibe lockert sich, die Schmerzen werden gelindert. Hunde mit akuten Bandscheibenproblemen sollten mindestens 10 Behandlungen in Abständen von 2 Tagen erhalten.

Vorbeugung: Bei besonders gefährdeten Hunderassen sollten Sie Bewegungen, welche die Abnutzung der Bandscheiben fördern, vermeiden. Dazu gehören zum Beispiel Treppenlaufen, auf etwas springen (auf das Sofa, ins Bett, ins Auto), „Männchen machen" sowie abruptes Stoppen beim Spielen mit einem Ball.

Gefahr für den Menschen: keine.

Hüftgelenksdysplasie (HD)

Leitsymptome

→ eingefallene Hüftmuskulatur

→ Schwäche der Hintergliedmaßen

→ schwankender Gang, hoppelnder Galopp

Allgemeines: Die Hüftgelenksdysplasie ist die häufigste Entwicklungsstörung des Bewegungsapparates unserer Hunde. Bei großwüchsigen Rassen sollen etwa 50 % aller Hunde mehr oder weniger ausgeprägt davon betroffen sein. Die Hüftgelenksdysplasie, im Sprachgebrauch kurz HD genannt, ist nicht angeboren. Es handelt sich um eine Skeletterkrankung, die sich während der **Wachstumsphase** entwickelt. Die Neigung dazu ist allerdings erblich bedingt. Falsche Ernährung und übermäßige, unsachgemäße Belastungen (z. B. zu häufiges und zu hohes Hürdenspringen beim Hundetraining) können die erblich bedingte Veranlagung zur fehlerhaften Entwicklung der Hüftgelenke verstärken. Es kommt zu einer Abflachung der Gelenkpfannen, wodurch der Kopf des Oberschenkels nicht mehr genügend Halt findet. Die dadurch entstehende **Instabilität der Gelenke** führt zu fortschreitender Arthrose (Degeneration) der Hüftgelenke. Je nach Ausprägung der HD kann der Oberschenkelkopf aus der Gelenkspfanne herausrutschen (luxieren). Die HD kann ein- oder beidseitig auftreten.

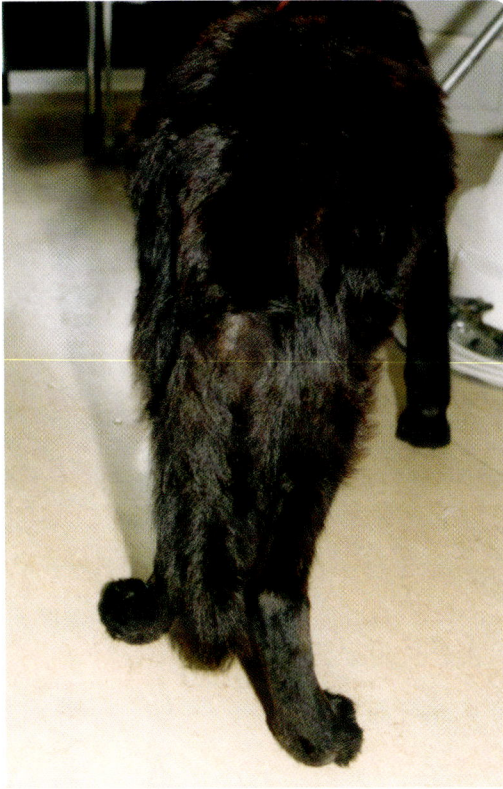

Typische Haltung bei schwerer Hüftgelenksdysplasie.

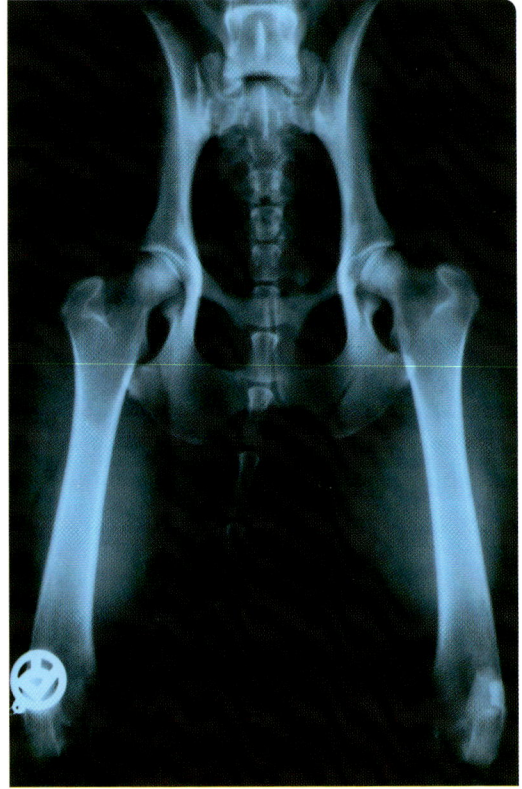

Auf dem Röntgenbild kann der Tierarzt den Schweregrad einer HD erkennen.

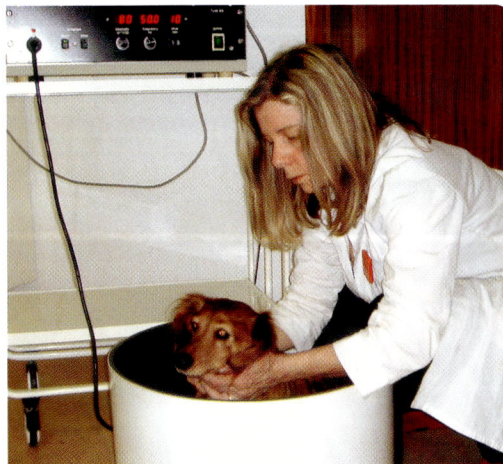

Pulsierende Magnetfelder werden erfolgreich bei Gelenkserkrankungen angewandt.

Symptome: Abhängig vom Grad der HD treten die ersten Beschwerden im Alter von 5 bis 10 Monaten oder später auf. Die Patienten sind weniger aktiv, verweigern das Spielen mit Artgenossen. Sie haben Schwierigkeiten beim Aufstehen und gehen zeitweise lahm. Wird das Hüftgelenk bei der Untersuchung passiv bewegt, erkennt man an der Abwehr des Hundes, dass er Schmerzen hat. Durch die Instabilität der Hüftgelenke schwankt die Hinterhand beim Gehen. Die HD ist **fortschreitend**. Mit zunehmendem Alter verstärken sich die Arthrose und damit auch die Beschwerden. In ausgeprägten Fällen kann der Hund nicht mehr ohne Hilfe aufstehen.

Therapie: Die Therapieziele bei der HD sind:
- Aufhalten der Arthrose

- Wiederherstellung und Erhaltung der Beweglichkeit
- Beseitigung der Schmerzen

Wie diese Ziele erreicht werden, hängt vom Alter des Hundes und vom Schweregrad der Hüftgelenksdysplasie ab. Bei der **konservativen** (nicht chirurgischen) Behandlung werden entzündungshemmende und schmerzstillende Medikamente injiziert oder in Tropfen- oder Tablettenform verabreicht. Wenn trotz konservativer Behandlung weiter Schmerzen bestehen, sollte die HD **operiert** werden. Es gibt inzwischen verschiedene OP-Techniken, die eine schnelle Schmerzbeseitigung und bestmögliche Funktionswiederherstellung des Gelenkes gewährleisten. Der Einsatz einer künstlichen Hüfte beim Hund ist inzwischen bereits eine Routineoperation in vielen chirurgisch orientierten Tierkliniken. Welche Behandlungsmethode in Frage kommt kann der Tierarzt nur im Einzelfall anhand der Untersuchungsergebnisse klären.

Durch die Schmerzen in einem oder beiden Hüftgelenken verspannt sich die Muskulatur, was die Beschwerden des vierbeinigen Patienten noch verstärkt. Neben der Verabreichung der vom Tierarzt verordneten Medikamente helfen oft **Wärmeapplikationen** (Rotlichtbestrahlung, Wärmedecke), die Muskulatur zu entspannen. Der Hund sollte nicht auf kalten Böden liegen. Wenn er im Freien schläft, muss er einen kälteisolierten Schlafplatz haben.

Gleichmäßige, aber nicht übermäßige **Bewegung** ist wichtig, um einer Versteifung der arthrotischen Hüftgelenke entgegenzuwirken. Allerdings ist nicht jede Art von Bewegung geeignet. Springen, Bergwandern oder längere übermäßige Belastung (z.B. neben dem Fahrrad herlaufen) können das Fortschreiten der Erkrankung begünstigen. Hunde sollten grundsätzlich keine meterhohen Hürden überspringen.

Vorbeugung: Die Veranlagung für Hüftgelenksdysplasie ist vererblich. Daher sollte mit Tieren, die Anzeichen für eine solche Fehlent-

Naturheilkunde

Extrakte aus der **neuseeländischen grünlippigen Zuchtmuschel** enthalten Wirkstoffe, welche den Knorpelaufbau und die Regeneration erkrankter Gelenke fördern. Hunde mit schwerer HD, die über längere Zeit Präparate aus diesen Muschelextrakten erhalten, zeigen eine deutliche Besserung ihrer Beschwerden. Bei Tieren mit leichter Hüftgelenksdysplasie kann die regelmäßige Gabe von Muschelextrakten das Fortschreiten der Erkrankung verzögern. Medikamente aus Muschelextrakten erhalten Sie bei Ihrem Tierarzt. Eine weitere Therapieform ist die **Goldakupunktur** (Goldimplantation), die den Akupunkturprinzipien folgt. Mit Hilfe von Spezialinstrumenten werden unter Narkose an den tiefen Akupunkturpunkten des betroffenen Gelenkes anstelle von Akupunkturnadeln, die nur zeitlich begrenzt Schmerzen unterdrücken können, kleine Goldkügelchen abgelegt. Dadurch soll das Gewebe gelockert, die Durchblutung gesteigert und die Schmerzleitung gehemmt werden. Der Eingriff ist einmalig und soll lebenslang wirken. Fragen Sie Ihren Tierarzt nach dieser Therapiemöglichkeit.

wicklung haben, grundsätzlich **nicht gezüchtet** werden. Viele Zuchtverbände fordern daher von ihren Mitgliedern einen Nachweis, dass der Hund, mit dem gezüchtet werden soll, HD-frei ist. Dazu sind Röntgenaufnahmen der Hüftgelenke erforderlich. Um beim Röntgen eine exakte Lagerung zu erreichen, muss der Hund in Narkose gelegt werden. Bei der Beurteilung, ob eine HD vorliegt, unterscheidet man 5 Schweregrade:

- keine HD
- Übergangsstadium (Verdacht auf HD)
- leichte HD
- mittlere HD
- schwere HD

Während die mittlere und schwere HD schon beim jungen Hund auf dem Röntgenbild gut zu diagnostizieren ist, kann man die leichte HD und die Übergangsform während der Wachstumsphase des Skeletts nicht deutlich erkennen. Eine sichere Beurteilung, ob ein Hund HD-frei ist, ist daher erst ab dem 2. Lebensjahr möglich.

Die **richtige Ernährung** spielt bei der Entwicklung des Skelettes eine große Rolle. Vor allem das richtige Verhältnis von Kalzium zu Phosphat im Futter ist bedeutend. Eine unausgewogene Ernährung kann vor allem bei großwüchsigen Hunden mit entsprechender Veranlagung zu Krankheiten des Bewegungsapparates führen. Gesichert ist, dass zu viel Kalzium und Energie (Kalorien) Skelettveränderungen verursachen. Die Ernährung des wachsenden Hundes sollte daher seinem Bedarf angepasst werden, um Entwicklungsstörungen vorzubeugen.

Es hat sich bewährt, beim heranwachsenden Hund bis zum 10. Lebensmonat einmal im Monat durch eine Blutuntersuchung das Mineralstoffgleichgewicht im Körper zu kontrollieren.

Gefahr für den Menschen: keine.

Ellbogendysplasie

Leitsymptom

→ ein- oder beidseitige Lahmheit der Vordergliedmaße

Allgemeines: Unter der Bezeichnung Ellbogengelenksdysplasie werden drei Krankheiten zusammengefasst:
* isolierter Processus anconaeus
* Abriss des Processus coronoideus
* Osteochondrosis dissecans (OCD)

Die Entstehungsursache des **isolierten Processus anconaeus** ist ein verzögertes Längenwachstum eines Unterarmknochens (Elle). Das daraus entstehende Ungleichgewicht zwischen Elle und Speiche führt zu Spannungen im Ellbogengelenk. Ein Knochenstück (Processus anconaeus), das sich normalerweise bei Hunden erst zwischen der 16. bis 20. Lebenswoche mit dem Ellbogengelenk fest verbindet, wächst aufgrund der unnatürlichen Spannung nicht an und bleibt vom übrigen Knochen isoliert. Betroffen sind schnell wachsende Hunde großer Rassen, vor allem der Deutsche Schäferhund. Die Erkrankung kann ein- oder beidseitig auftreten.

Ursache eines **Abrisses des Processus coronoideus** ist ebenfalls eine Längenwachstumsstörung eines Unterarmknochens, diesmal der Speiche. Durch die entstehende Spannung im Ellbogengelenk wird der Processus coronoideus übermäßig stark belastet und reißt ab. Betroffen sind ebenfalls schnell wachsende Hunde großwüchsiger Rassen, vor allem Berner Sennenhund, Großer Schweizer Sennenhund, Rottweiler und Retriever.

Bei der **Osteochondrosis dissecans** (OCD) handelt es sich um eine Knorpelwachstumsstörung im Ellbogengelenk. Es kommt zur Verdickung des Gelenkknorpels, wodurch die Ernährung des Knorpels gestört ist und kleinste Teile absterben. Diese winzigen, auf dem Röntgenbild kaum erkennbaren abgestorbenen Knorpelschuppen verursachen massive Störungen der Gelenksfunktion. Die OCD kommt auch im Schultergelenk vor. Betroffen sind schnellwachsende Hunde großer Rassen, vor allem Golden Retriever und Labrador Retriever.

Symptome: Die krankhaften Veränderungen im Ellbogengelenk zeigen sich durch mehr oder weniger stark ausgeprägte Lahmheiten und eine teilweise charakteristische Stellung der betroffenen Gliedmaße zur Seite. Die Patienten haben Schmerzen. Ohne Behandlung entsteht eine Arthrose (Degeneration) des betroffenen Gelenkes.

Therapie: Jede der genannten Erkrankungen des Ellbogengelenkes muss **chirurgisch** behan-

Naturheilkunde

Es gibt keine naturheilkundliche Behandlungsmöglichkeit der Ellbogengelenksdysplasie. Nur eine Operation führt zur Heilung.

delt werden. Der isolierte Processus anconaeus kann bei jungen Tieren, für einige Zeit mit einer Schraube am Knochen befestigt, anwachsen. Wird die Erkrankung erst im erwachsenen Alter diagnostiziert, wird das isolierte Knochenstück meist entfernt. Ebenso chirurgisch entfernt werden ein abgerissener Processus coronoideus sowie die Knorpelschuppen bei der OCD.

Vorbeugung: Die Veranlagung für Skelettentwicklungsstörungen, welche die Funktion des Ellbogengelenkes beeinträchtigen, ist erblich. Fehlernährung während der Wachstumszeit kann jedoch die Erkrankung auslösen. Vor allem zu viel Kalzium und Energie (Kalorien) führen zu überschnellem Wachstum und damit zu Wachstumsstörungen. Eine **ausgewogene Ernährung** sowie der **Ausschluss betroffener Hunde von der Zucht** sind die einzigen Möglichkeiten der Vorbeugung gegen Ellbogengelenksdysplasien.

Gefahr für den Menschen: keine.

Erkrankungen der Schilddrüse

Die Schilddrüse liegt vorne am Hals, unterhalb des Kehlkopfes und umfasst die Luftröhre mit zwei durch eine schmale Brücke miteinander verbundenen Lappen. Sie bildet Hormone, die direkt in die Blutbahn abgegeben werden. Schilddrüsenhormone beeinflussen die Verbrennungsvorgänge von Kohlenhydraten, Fetten und Eiweißen und sind damit wesentlich am Stoffwechsel beteiligt. Sie fördern das Wachstum und die Skelettreife, beeinflussen die Herztätigkeit sowie die Reaktionsfähigkeit von Muskel- und Nervengewebe. Eine Erkran-

kung der Schilddrüse zieht daher andere Organe in Mitleidenschaft und hat Auswirkungen auf den gesamten Körper.

Schilddrüsenunterfunktion

Leitsymptome

→ Zwergwuchs

→ Hauterkrankungen

→ Neigung zu Ohrentzündungen

→ Lethargie

→ Übergewicht

Allgemeines: Bei der Schilddrüsenunterfunktion **(Hypothyreose)** besteht ein Mangel an Schilddrüsenhormonen aufgrund einer Minderleistung des Organs. Die Krankheit kann **angeboren** sein. Weitaus häufiger tritt sie jedoch bei Hunden ab dem 6. Lebensjahr auf. Grundsätzlich können alle Hunde erkranken. Vor allem Boxer, Golden Retriever, Schäferhund und Dobermann scheinen eine besondere Veranlagung für diese Erkrankung zu haben. Die Entstehungsursachen der im erwachsenen Alter **erworbenen** Unterfunktion sind vielfältig. Entzündungen, Verletzungen (z. B. Quetschungen durch zu starken Zug am Halsband, Stachelhalsbänder) oder Tumoren können eine Störung des Organs auslösen. Eine Schilddrüsenunterfunktion kann auch aufgrund einer Autoimmunerkrankung entstehen. Dabei richtet sich die körpereigene Abwehr irrtümlich gegen eigenes Schilddrüsengewebe und zerstört es.

Symptome: Wenn die Schilddrüsenunterfunktion angeboren ist, kommt es aufgrund des Hormonmangels zu **unproportioniertem Zwergwuchs** mit verkrümmten und verkürzten Gliedmaßen, zu kurzem Gesichtsschädel und sonstigen Skelettentwicklungsstörungen. Die betroffenen Hunde sind oft weniger intel-

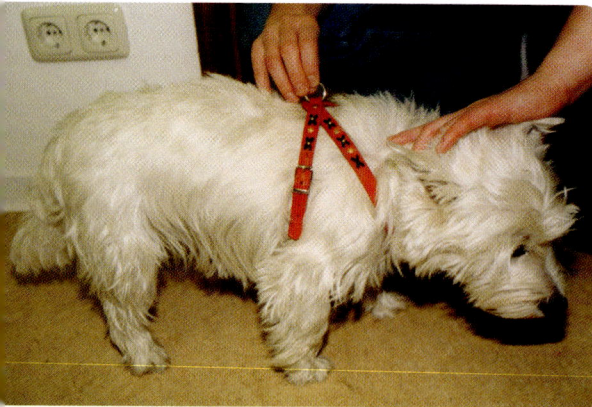

Ein Brustgeschirr ist schonender für die empfindliche Halspartie des Hundes als ein Halsband, das bei unsachgemäßer Handhabung auch Schilddrüsenschäden verursachen kann.

ligent als ihre gesunden Artgenossen. Tritt die Unterfunktion der Hormondrüse bei erwachsenen Hunden auf, stellen sich die entsprechenden Krankheitszeichen erst allmählich ein, sodass sie zunächst gerne übersehen werden. Die Patienten schlafen mehr als sonst, sind lethargisch, zeigen weniger Interesse am Spielen und Spazierengehen und frieren leicht. Auffallend ist die große Fresslust, die nach kurzer Zeit zur Fettleibigkeit führt. Viele Hunde trinken auch vermehrt. Das Fell wird struppig, glanzlos und schütter. Oft sind die Tiere symmetrisch auf beiden Rumpfseiten völlig kahl. Die Haut ist trocken, schuppig und verfärbt sich dunkel. Werden die Patienten geschoren, wachsen die Haare nur langsam oder gar nicht nach. Ohr- und Hauterkrankungen werden bei den betroffenen Hunden häufig gesehen.

Neben diesen typischen Symptomen einer Schilddrüsenunterfunktion treten weitere **unspezifische Krankheitszeichen** durch die Hormonmangelsituation auf. Dazu gehören zum Beispiel Herzminderleistung, Sterilität, Reizbarkeit und Gelenkschmerzen. Manchmal sind Reizbarkeit und Aggressivität die einzigen Anzeichen für eine Störung der Schild-

drüsenfunktion. Bei unklaren Krankheitszeichen und Wesensveränderungen empfiehlt es sich daher immer, auch einen Schilddrüsenfunktionstest vom Tierarzt durchführen zu lassen.

Therapie: Die Diagnose wird anhand einer oder mehrerer Blutuntersuchungen gestellt. Die betroffenen Hunde erhalten die fehlenden **Schilddrüsenhormone** in Tablettenform, wodurch sich in der Regel der Gesundheitszustand innerhalb kurzer Zeit bessert und die Symptome verschwinden.

Vorbeugung: Gegen eine angeborene Schilddrüsenunterfunktion kann man nicht vorbeugen. Da im späteren Alter Störungen der Schilddrüsenfunktion auch durch Verletzungen des Organs entstehen können, sollte man die **empfindliche Halspartie** des Hundes mit Vorsicht behandeln. Grundsätzlich abzulehnen ist das ruckartige Ziehen am Halsband als

Naturheilkunde

Der **Blasentang** (*Fucus vesiculosus*) hat eine stimulierende Funktion auf die Schilddrüse. Er kann dem Hund als Aufguss, als Tinktur sowie in Tabletten- oder Kapselform verabreicht werden. Eine Tinktur lassen Sie sich am besten von Ihrem Apotheker anfertigen. Der Aufguss wird aus getrocknetem Blasentang durch Übergießen mit kochendem Wasser gewonnen. Nach 10 Minuten wird der Tang abgeseiht. Kapseln mit pulverisiertem Blasentang erhalten Sie in der Apotheke. Der schilddrüsenkranke Hund erhält entweder 1 Tasse abgekühlten Blasentangaufguss pro Tag ins Futter, 1 Kapsel mit pulverisiertem Tang oder 3 Tropfen Blasentang-Tinktur in Wasser verdünnt direkt in die Maulhöhle. Die Angaben beziehen sich immer auf 10 kg Körpergewicht. Wiegt der Hund weniger, wird die Dosis entsprechend reduziert, wiegt er mehr, wird sie erhöht.

„Erziehungsmethode". Hundeschulen, die solche gesundheitsgefährdenden mittelalterlichen Methoden noch anwenden, sollten Sie meiden. Ebenso abzulehnen sind Stachel- oder Würgehalsbänder aus Metall. Auch wenn der Zusammenhang noch nicht eindeutig bewiesen ist, so liegt der Verdacht doch nahe, dass die Anwendung von Zug und Druck auf ein so empfindliches Organ wie die Schilddrüse auf Dauer schädlich ist. Schonender und damit tiergerechter sind Brustgeschirre, die es für jede Hundegröße zu kaufen gibt.
Gefahr für den Menschen: keine.

Schilddrüsenüberfunktion

Leitsymptome

→ Unruhe

→ Gewichtsabnahme trotz guter Futteraufnahme

→ Herzrhythmusstörungen, beschleunigter Herzschlag

Allgemeines: Eine Überfunktion der Schilddrüse (**Hyperthyreose**) wird beim Hund sehr selten diagnostiziert. Die Ursache ist in fast allen auftretenden Fällen eine tumoröse Entartung des Organs, wobei Schilddrüsenhormone im Übermaß gebildet werden. Die Hyperthyreose tritt in der Regel nur bei älteren Hunden, vorwiegend beim Boxer, Golden Retriever und Beagle ab dem 8. Lebensjahr auf. In ganz seltenen Fällen findet man auch bei Junghunden eine nicht auf einen bösartigen Tumor zurückzuführende Schilddrüsenüberfunktion, die jedoch meist nach einiger Zeit spontan wieder verschwindet. Die Entstehungsursache dieser Junghundhyperthyreose ist unbekannt.
Symptome: Die betroffenen Hunde sind unruhig und nervös, hecheln ständig, setzen ungewöhnlich oft und viel Kot ab, schlafen wenig, trinken sehr viel und meiden Wärme. Sie ver-

Naturheilkunde

Ist eine Operation nicht möglich, kann eine Behandlung mit **Mistelpräparaten** (*Viscum album*) versucht werden. Extrakte aus der Mistel werden unter die Haut des Patienten gespritzt. Fragen Sie Ihren Tierarzt nach dieser pflanzlichen Behandlungsmöglichkeit.

lieren trotz gutem Appetit rasch an Gewicht und magern stark ab. Der Herzschlag ist krankhaft beschleunigt (Tachykardie). Nicht selten bestehen Herzrhythmusstörungen.
Therapie: Eine tumorbedingte Schilddrüsenüberfunktion kann nur durch die chirurgische Entfernung des Tumors geheilt werden. Bei Junghunden mit Hyperthyreose wird bis zum spontanen Verschwinden der Erkrankung mit schilddrüsendämpfenden Medikamenten behandelt.
Vorbeugung: Es gibt keine Vorbeugemaßnahmen gegen eine tumoröse Entartung der Schilddrüse.
Gefahr für den Menschen: keine.

Erkrankungen der Nebennieren

Die beiden Nebennieren sitzen auf den oberen Polen der Nieren. Im Gegensatz zu den Nieren haben sie keine Filter- oder Ausscheidungsfunktion, sondern sind Hormondrüsen. Man unterscheidet die helle Nebennierenrinde und das dunklere Nebennierenmark. Die dort gebildeten Hormone erfüllen viele Aufgaben im Organismus. Die Hormone des Nebennierenmarks (Adrenalin und Noradrenalin) wirken unter anderem regulierend auf den Blutdruck. Die Hormone der Nebennierenrinde (Aldosteron, Glukokortikoide und Androgene) regulieren den Salz- und Wasserhaushalt des Körpers, die Verdauung, den Um- und Einbau von Nährstoffen in den Körper, den Energiehaushalt und die Geschlechtsfunktion.

Es gibt unzählige Erkrankungen, die auf eine Störung der Nebennieren zurückzuführen sind. Sie alle vorzustellen würde den Rahmen dieses Buches sprengen.

Morbus Cushing

Leitsymptome

→ Haarausfall

→ Stammfettsucht

→ vermehrte Futteraufnahme

→ vermehrter Durst

Allgemeines: Eine der beim Hund am häufigsten diagnostizierte Funktionsstörung der Nebennierenrinde ist der Morbus Cushing oder das Cushing-Syndrom. Es handelt sich um eine **chronische Überproduktion von kortisonartigen Hormonen** in der Nebennierenrinde. Ursache ist entweder ein Tumor der Nebenniere selbst oder die tumoröse Entartung der ihr übergeschalteten Hormondrüse im Gehirn (Hypophyse). Die Erkrankung kommt gehäuft bei mittleren und kleinen Pudeln vor, aber auch andere, vorwiegend kleinere Hunderassen sind davon betroffen.

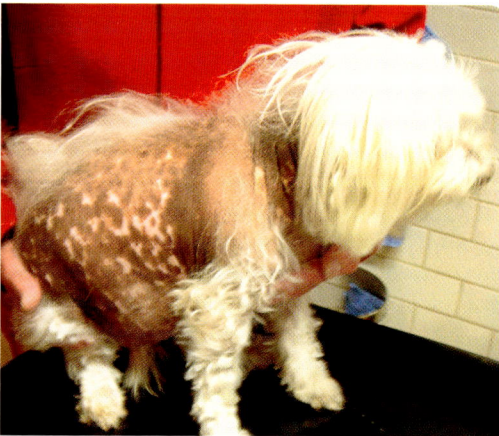

Diffuser Haarausfall bei Morbus Cushing.

Symptome: Dem Besitzer fällt als erstes Symptom auf, dass die Patienten sehr viel trinken und immer hungrig sind. Sie sind lethargisch und hecheln ständig. Bei längerem Bestehen der Erkrankung verändern sich der gesamte Körperbau und das Aussehen des Hundes. Es entstehen zunächst diffuser Haarausfall, dann haarlose Areale um die Ohren, seitlich am Bauch, an den Flanken und Hintergliedmaßen. Der Kopf und die unteren Gliedmaßen bleiben von dem Haarausfall meist verschont. Der Rumpf des Hundes wird unproportional dick im Verhältnis zu den Gliedmaßen (Stammfettsucht). Es entwickelt sich ein Hängebauch. Durch das Überangebot an Kortison im Blut wird das Immunsystem geschwächt, wodurch die Entstehung von Hauterkrankungen, allgemeinen Infektionskrankheiten und Wundheilungsstörungen begünstigt wird.

Therapie: Der Tierarzt benötigt umfangreiche Laboruntersuchungen, um die Diagnose zu sichern. Die Behandlung des Morbus Cushing ist schwierig und führt in der Regel nicht zur Heilung. Wenn die operative Entfernung des Tumors nicht möglich ist, wird eine Therapie mit inzwischen recht wirksamen Medikamenten versucht. Bei vielen Patienten kann damit eine lange Zeit Beschwerdefreiheit erreicht werden.

Vorbeugung: Es gibt keine Vorbeugung gegen die Entstehung von Morbus Cushing.

Gefahr für den Menschen: keine.

Erkrankungen von Brustorganen

Die Brustorgane Herz und Lunge sind durch eine starke Muskelplatte (Zwerchfell) von den Bauchorganen getrennt. Durch ihre Lage und ihre Funktion sind Herz und Lunge eng miteinander verbunden. In der Lunge wird das Blut mit Sauerstoff angereichert und dann durch das Herz in den Körperkreislauf gepumpt.

Infektionen der Atemwege

Leitsymptome

→ Husten, Schnupfen

→ Atemnot

Allgemeines: Alle Teile des Atemtraktes können erkranken. Die auslösenden Krankheitserreger sind in den meisten Fällen Viren. Neben relativ harmlosen Erkältungsviren können auch lebensbedrohliche Erkrankungen wie zum Beispiel die Staupe Beschwerden des Atemtraktes verursachen. Auch wandernde Spulwurmlarven können die Atemwege reizen. Bakterien, die sich auf der vorgeschädigten Schleimhaut zusätzlich festsetzen, verschlimmern das Krankheitsbild. Vielfach kommt es bei chronischer Vereiterung der Fangzähne zu Erkrankungen der Nase mit Niesen und Nasenausfluss. Die Scheidewand zwischen den Wurzeln der Fangzähne und der Nasenhöhle ist sehr dünn und kann bei lang andauernden Entzündungen der Zahnwurzel durchbrechen.

Infektionen mit Viren und Bakterien sind in der Regel ansteckend. Ob ein Hund nach Kontakt mit einem an einer Atemwegserkrankung leidenden Artgenossen ebenfalls erkrankt, hängt von den körpereigenen Abwehrkräften des Tieres ab. Die Anfälligkeit für Infektionen ist besonders hoch, wenn die Abwehr durch zusätzlich belastende Faktoren wie Kälte, Stress, chronische Erkrankungen oder Mangelernährung geschwächt wird. Manche Erkältungsviren können auch vom Menschen auf den Hund übertragen werden. Wenn also die ganze Familie schnupft, ist nicht selten auch der Hund erkrankt.

Symptome: Entzündungen der Nasenschleimhaut bezeichnet man als Schnupfen. Die erkrankten Hunde haben Nasenausfluss und niesen häufig. Wenn es sich bei den auslösenden

Infektionen der Atemwege treten bevorzugt in der kalten Jahreszeit auf.

Krankheitserregern um Viren handelt, ist der Nasenausfluss klar. Bakterien und Pilze verursachen einen trüben oder eitrigen Ausfluss. Bei starkem Infektionsdruck (viele Tiere sind erkrankt und stecken sich gegenseitig an) oder bei lang andauernden eitrigen Prozessen in der Nase (z. B. bei durchgebrochener Fangzahnvereiterung) und geschwächtem Allgemeinzustand kann sich die Entzündung der Nasenschleimhaut auf die unteren Atemwege ausdehnen. Ist der Kehlkopf mit den darin befindlichen Stimmbändern vom Krankheitsgeschehen betroffen, so sind die Patienten heiser.

Die Mandeln (Tonsillen) im Rachen gehören zum körpereigenen Abwehrsystem und bilden einen „Verteidigungswall" gegen das Eindringen von Krankheitserregern. Bei Infektionen des oberen Atemtraktes (Katarrh) sind sie häufig entzündet und geschwollen. Gesunde Mandeln sieht man beim Hund normalerweise nicht, da sie in kleinen Hauttaschen verborgen sind. Werden sie sichtbar, sind sie vergrößert und gereizt. Typisches Symptom für eine **Mandelentzündung** (Tonsillitis) ist ein Husten, der mehr im oberen Bereich des Atemtraktes zu hören ist. Häufig würgen die Patienten beim Husten schaumigen Schleim aus, was mit Erbrechen verwechselt werden kann.

Werden die Mandeln von den krankmachenden Erregern „überrannt", kann sich die Infektion zu den Bronchien und der Lunge ausdehnen. Es kann eine **Bronchitis** und lebensbedrohliche **Lungenentzündung** (Pneumonie) entstehen. In diesen Fällen besteht häufig hohes Fieber. Leitsymptome für Bronchitis und Lungenentzündung sind, je nach Stadium der Erkrankung, trockener oder rasselnder Husten und Atemnot. Da die genannten Symptome auch andere Ursachen haben können (z. B. eine Herzerkrankung) sollte bei ihrem Auftreten immer ein Tierarzt zu Rate gezogen werden.

Therapie: Um einer bakteriellen Zusatzinfektion und der lebensgefährlichen Ausdehnung der Entzündung auf die tieferen Atemwege vorzubeugen, wird der Tierarzt in manchen Fällen Antibiotika verabreichen. Medikamente, welche die körpereigene Abwehr stärken, sind hilfreich beim Kampf des Organismus gegen Krankheitserreger.

Bei einer Mandelentzündung hat sich das Auspinseln der Mandeln mit Jodglyzerin bewährt. Schleimlösende und hustenreizlindernde sowie bronchienerweiternde Präparate lindern die Beschwerden des Patienten. Sind vereiterte Fangzähne am Krankheitsgeschehen beteiligt, müssen diese gezogen werden.

Ein Hund mit Atemwegserkrankung braucht **Wärme**. Hunde mit kurzem Fell sollten im Winter beim Spazierengehen Wärmeschutzkleidung tragen. Bei einer Mandelentzündung wirkt ein dicker Schal um den Hals Wunder. Er sollte bis zur Besserung der Symptome Tag und Nacht getragen werden. In manchen Großstädten ist das Tragen eines bunten Schals im Winter bei Hunden bereits eine Modeerscheinung, die vom gesundheitlichen Standpunkt sogar zu befürworten ist.

Vorbeugung: Hunde mit kurzem Fell ohne Unterwolle, wie zum Beispiel der Rhodesian Ridgeback oder Dobermann, sollten niemals extremer Kälte ausgesetzt. Das Schwimmen in Seen und Flüssen während der kalten Jahreszeit sollten Sie Ihrem Hund nicht erlauben. Die Luftfeuchtigkeit in der Wohnung sollte nicht zu niedrig sein. Trockene Heizungsluft reizt die empfindliche Schleimhaut der Atemwege und öffnet damit Krankheitserregern Tür und Tor. Legen Sie häufig nasse Tücher auf die Heizkörper oder verwenden Sie Luftbefeuchter. Rauchen in geschlossenen Räumen schadet nicht nur dem Menschen, sondern ist auch für den Hund ein Gesundheitsrisiko. Hunde, die in Raucherhaushalten leben, leiden häufiger unter Atemwegserkrankungen als Hunde von Nichtrauchern. Die regelmäßige Zahnkontrolle durch den Tierarzt verhindert, dass Entzündungen und Zahnwurzelvereiterungen übersehen werden.

Gefahr für den Menschen: Es gibt wenige „Erkältungsviren", die sowohl Hunde wie

Naturheilkunde

Wie bei anderen durch Viren ausgelöste Erkrankungen eignen sich Präparate aus der Naturheilkunde zur Stärkung des Immunsystems hervorragend als Therapie bei Atemwegserkrankungen. Neben Präparaten aus **rotem Sonnenhut** (*Echinacea purpurea*) in Tropfenform wirkt ein Aufguss (Tee) aus **Huflattich** (*Tussilago farfara*) gegen Husten und Heiserkeit. Der erkrankte Hund erhält in der akuten Krankheitsphase dreimal täglich 1 Tropfen *Echinacea purpurea* pro kg Körpergewicht in Wasser verdünnt direkt in die Maulhöhle sowie 1 Tasse Huflattich-Tee pro 10 kg Körpergewicht mit dem Futter vermischt.

Menschen befallen können. Die Ansteckung von Mensch zu Hund ist dann in der Regel wesentlich häufiger als umgekehrt. Die am häufigsten angetroffenen Krankheitserreger bei Atemwegserkrankungen des Hundes sind jedoch nicht auf den Menschen übertragbar.

Trachealkollaps

> ### Leitsymptom
>
> → plötzlich auftretender Husten mit Atemnot

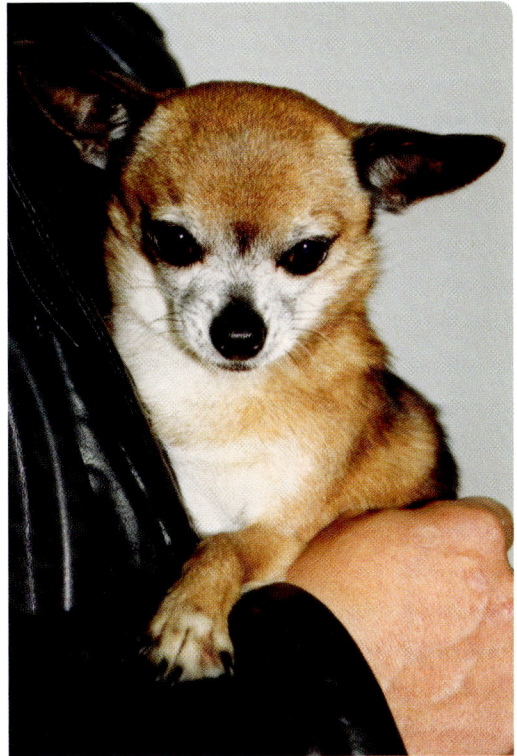

Der Trachealkollaps ist eine Erkrankung von Kleinsthunderassen.

Allgemeines: Es handelt sich um eine **Verengung der Luftröhre** durch Einsinken der Verbindungshäute zwischen den Knorpelringen. Die Ursache ist bisher nicht eindeutig geklärt, man vermutet jedoch eine Schwäche der Ringknorpel. Betroffen sind ausschließlich Kleinsthunderassen, dabei gehäuft Yorkshire Terrier, Chihuahua und Zwergpudel. Oft ist die Neigung zum Trachealkollaps vergesellschaftet mit einer Herzerkrankung.

Symptome: Es treten sporadisch, vor allem bei Aufregung, Anstrengung, plötzlichem Einatmen kalter Luft oder Aufnahme von kaltem Wasser oder Futter Husten und Atemnot auf. In ausgeprägten Fällen kann es zu kurzzeitigem Bewusstseinsverlust kommen. Der Husten ist in der Regel laut und trocken und vergeht nach ein paar Minuten wieder.

Therapie: Die Versuche, durch eine plastische Operation die schwachen Knorpelringe der Luftröhre durch Kunststoff zu ersetzen, brachten meist nicht den erwünschten Erfolg. Heute wird der Trachealkollaps mit **entzündungshemmenden** und **bronchienerweiternden** Medikamenten behandelt. Bei einem Anfall sollten Sie beruhigend auf den kleinen Patienten einwirken. Atemnot macht Angst, was die Symptome noch verstärkt. Nehmen Sie den kleinen Hund auf den Arm und sprechen Sie mit ruhiger Stimme mit ihm. In der Regel reicht das aus, um Husten und Atemnot zum Abklingen zu bringen. Bei längeren Anfällen hilft ein bronchienerweiterndes Zäpfchen. Sprechen Sie mit Ihrem Tierarzt. Er wird Ihnen das geeignete Präparat als Notfallmedikament gerne überlassen.

Vorbeugung: Es empfiehlt sich, bei Hunden mit der Neigung zum Trachealkollaps ein **Brustgeschirr** zu verwenden. Der Druck eines Halsbandes auf die Luftröhre kann einen Hustenanfall mit Atemnot auslösen.

Gefahr für den Menschen: keine.

Herzerkrankungen

Leitsymptome

→ anfänglich häufig symptomlos
→ Leistungsminderung
→ Husten, Atemnot, Erstickungsanfälle

Allgemeines: Herzerkrankungen werden bei Hunden immer häufiger diagnostiziert. Das liegt wohl daran, dass die Untersuchungsmethoden in den letzten Jahren auch bei den Haustieren immer intensiver wurden und ebenso ein größeres Augenmerk auf Vorsorgeuntersuchungen gelegt wird als früher. Es gibt **angeborene** und **erworbene** Herzkrankheiten. Durch die Reiselust der Hundebesitzer werden in den letzten Jahren vermehrt Herzerkrankungen auch aufgrund des **Herzwurms** (*Dirofilaria immitis*) gesehen. Der Parasit lebt in der rechten Herzkammer oder in der Lungenarterie und verursacht massive Schäden.

Symptome: Die Symptome einer Herzerkrankung sind unterschiedlich, je nachdem, welcher Teil des Herzens betroffen ist. Zu Beginn

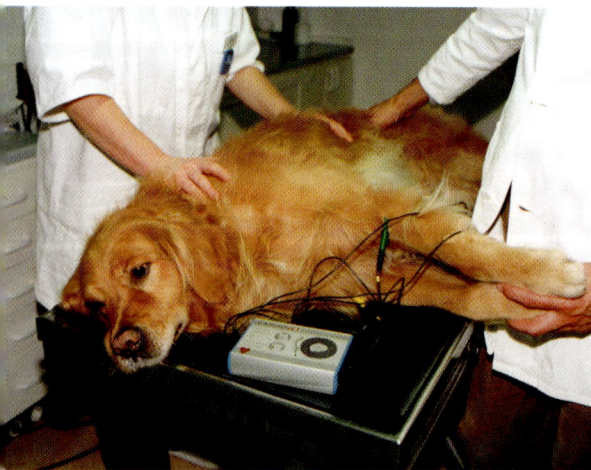

Das EKG ist eine von mehreren Untersuchungsmethoden des Herzens.

sind sie für den Hundebesitzer oft nicht erkennbar. Wird in diesem Stadium eine Herzerkrankung durch Abhören (Auskultation) des Organs vom Tierarzt festgestellt, stößt er nicht selten beim Tierbesitzer auf Unglauben. Der Hund sei munter und agil; es seien zu Hause keine Anzeichen für eine Herzerkrankung zu sehen. Eine geringgradige Leistungsminderung wird auf das zunehmende Alter des Tieres geschoben.

Der Grund für diese anfängliche Diskrepanz zwischen einer bestehenden Herzerkrankung und fehlenden Symptomen liegt an der großen Kompensationsfähigkeit dieses Organs. Es arbeitet, um die Blutversorgung der Organe zu sichern, mehr als ein gesundes Herz. Da das Herz jedoch überwiegend aus Muskelgewebe besteht, führt diese vermehrte Arbeitsleistung zu schleichender Vergrößerung des Organs. Ab einer bestimmten Größe jedoch treten Probleme auf: Die Herzklappen schließen nicht mehr vollständig, die Pumpleistung des Herzens nimmt ab und die Blutversorgung des vergrößerten Herzmuskels durch die Herzkranzgefäße ist nicht mehr ausreichend gewährleistet. Da ein krankes Herz seine Funktion nicht mehr ausreichend erfüllen kann, kommt es zu Mangeldurchblutungen in den verschiedensten Organen. Es entstehen Schäden vor allem in den Nieren, der Leber und im fortgeschrittenen Stadium im Gehirn. Stauungen im Kreislauf führen zu Wasseransammlungen vor allem in der Lunge (Lungenödem). Die betroffenen Hunde leiden unter schwerster Atemnot.

Therapie: Der Tierarzt kann bei der Auskultation des Herzens (Abhören mit dem Stethoskop) Abnormitäten des Herzschlags, Nebengeräusche, Herzrhythmusstörungen oder Wasseransammlungen in der Lunge feststellen. Eine genauere Diagnose wird durch Röntgen, EKG und Herzultraschall gestellt. Blutuntersuchungen sind erforderlich, um festzustellen, inwieweit bereits andere Organe am Krankheitsgeschehen beteiligt sind. Die

Radfahren mit einem herzkranken Hund ist Tierquälerei.

Naturheilkunde

Präparate aus der Naturheilkunde sind bei schweren Herzerkrankungen keine Alternative zu den vom Tierarzt verordneten Medikamenten, sondern lediglich eine Begleittherapie. Zur Unterstützung, vor allem im Sommer bei schwülem Wetter, eignet sich **Weißdorn** (*Crataegus oxyacantha* und *Crataegus monogyna*). Sie erhalten Weißdorn in Tropfen- oder Tablettenform bei Ihrem Tierarzt. Im Anfangsstadium einer Herzerkrankung, wenn noch keine anderen Medikamente erforderlich sind, kann Weißdorn für einige Zeit die einzige Therapie sein. Viele Tierärzte verwenden die Heilpflanze bei diagnostizierten Herzerkrankungen im Frühstadium, um die fortschreitende Verschlechterung des kranken Herzens hinauszuzögern.

Therapie einer Herzerkrankung gehört in die Hände eines **Spezialisten** und ist je nach Art und Ausprägung der Störung und dem individuellen Krankheitsbild verschieden. Die verordneten Medikamente müssen **lebenslang** gegeben werden, auch wenn es dem Tier wieder besser geht. Da es sich bei vielen Herzkrankheiten um einen Organschaden handelt, der sich nicht mehr regenerieren kann, geht es dem Patienten ja nur deshalb besser, weil er die unterstützenden Medikamente erhält. Ein plötzliches Absetzen der Arzneimittel kann fatale Folgen haben und unter Umständen sogar den Tod des Tieres verursachen.

Körperlicher und seelischer Stress belasten das Herz und sollten nach Möglichkeit von dem Patienten ferngehalten werden. Lange Urlaubsfahrten in heiße Länder mit dem Auto oder gar Flugreisen, anstrengende Bergtouren, aber auch die Unterbringung in einer Tierpension sind je nach Stadium der Herzkrankheit nicht ungefährlich. Besprechen Sie sich daher mit Ihrem Tierarzt, bevor Sie Ihren Urlaub planen.

Vorbeugung: Die Unsitte, jeden Hund bedenkenlos neben dem Fahrrad herlaufen zu lassen, ist noch immer sehr verbreitet. Häufig wird dies den Tieren auch noch an heißen Sommertagen zugemutet. Hunde sind Rudeltiere und werden, um mit dem Rudel mitzuhalten, immer über ihre eigenen Grenzen gehen. Wird das Herz chronisch überfordert, entwickelt sich ein „Sportlerherz", das heißt eine Vergrößerung des Herzmuskels. Latente Herzfehler oder Herzerkrankungen im Anfangsstadium verschlechtern sich dadurch rapide. Einem herzkranken Hund zu hohe Leistungen abzuverlangen ist Tierquälerei! Die **regelmäßige Herzkontrolle** durch den Tierarzt einmal im Jahr (beim Impftermin) hilft, Herzkrankheiten im Frühstadium zu erkennen. **Gefahr für den Menschen:** keine.

Erkrankungen der Sinnesorgane

Augenlider

Leitsymptome

→ Entzündungen im Bereich der Augenlider

→ Augenausfluss

Allgemeines: Neben angeborenen Anomalien können **Verletzungen**, bakterielle **Infektionen**, Milben, Pilze und **Tumoren** zu Veränderungen der Augenlider führen. Bakterielle Infektionen entstehen meist im Anschluss an unversorgte Verletzungen, die sich der Hund zum Beispiel beim Durchstreifen von dornigen Büschen oder bei Raufereien zuzieht. Besteht Juckreiz an den entzündeten Augenlidern, verletzen sich die Tiere häufig durch Kratzen am Auge noch mehr.

Unter einem **Ektropium** versteht man die Auswärtsdrehung des unteren Lidrandes. Der dadurch unvollständige Lidschluss verursacht oft Entzündungen der Bindehaut und ständigen Tränenfluss. Ein Ektropium ist bei Hunden mit reichlich verschieblicher Kopfhaut oft angeboren (z. B. Basset, Bernhardiner, Spaniel), kann jedoch auch durch Vernarbungen nach einer Verletzung des Unterlides auftreten. Beim **Entropium** handelt es sich um ein Einwärtsrollen des unteren Lidrandes. Die dadurch ebenfalls einwärtsgedrehten Wimpern des Unterlides reizen die Augen und führen zu chronischen Entzündungen. Auch das Entropium kann angeboren oder durch Vernarbung des Unterlides nach einer Verletzung erworben sein. Bei der **Trichiasis** handelt es sich um fehlgerichtete Wimpern im Ober- oder Unterlid, die ebenfalls zu Reizungen und chronischen Entzündungen der Augen führen können.

Gerstenkörner sind eitrige Entzündungen der Haarbalgdrüsen am äußeren Lidrand oder der Meibomschen Drüsen am inneren Lidrand.

Sie treten bei Hunden mittleren Alters gehäuft auf. **Hagelkörner** dagegen sind nicht eitrige Talgansammlungen, die durch Verstopfung der Ausführungsgänge der Meibomschen Drüsen entstehen. Sie können durch ihre Größe und ihre Lage am inneren Lidrand die Augenhornhaut reizen.

Symptome: Unversorgte Verletzungen können sich innerhalb weniger Stunden zu eitrigen Wunden entwickeln und sollten so früh wie möglich behandelt werden. Lidtumoren beim Hund sind selten. Meist sind es schwarze, knotige Veränderungen, die relativ langsam wachsen. Ob sie gut oder bösartig sind, kann nur eine feingewebliche Untersuchung nach chirurgischer Entfernung klären. Hautpilze und Milben befallen in den seltensten Fällen nur die Augenlider. Meist ist die ganze Kopfregion oder der ganze Körper mitbetroffen. Ektropium und Entropium sowie fehlgerichtete Haare im Lidbereich führen zu chronischen Entzündungen der Augenbindehaut mit zunächst klarem, später oft eitrigen Augenausfluss. In vielen Fällen ist die Hornhaut des betroffenen Auges miterkrankt. Es entstehen Hornhauttrübungen und Geschwüre bis hin zum Durchbruch der Hornhaut mit Verlust des Auges.

Therapie: Lidverletzungen werden konserva-

Naturheilkunde

Schlecht heilende eitrige Wunden an den Lidrändern sprechen sehr gut auf **Ringelblume** (*Calendula officinalis*) an. Pressen Sie etwa 1 bis 2 Minuten einen in heißen Ringelblumentee getränkten und danach wieder ausgedrückten Wattebausch auf das erkrankte Augenlid. **Vorsicht:** Kompressen mit Kräutertee dürfen nicht angewandt werden, wenn das Auge selbst verletzt ist (auch kein Kamillentee!). Sie enthalten immer Schwebstoffe, welche die Augen zusätzlich reizen.

tiv, das heißt mit Augensalben behandelt. Dabei ist die frühzeitige Therapie wichtig, um Vernarbungen der Augenlider zu verhindern. Lidrandveränderungen wie Ektropium und Entropium werden, wenn sie starke Probleme bereiten, operativ reguliert. Fehlgerichtete Haare an den Lidern (Trichiasis) entfernt der Tierarzt durch Epilation. Dabei werden die Haarwurzeln elektrisch verödet. Beim Gerstenkorn helfen lokale Wärme und antibiotikahaltige Augensalben. Heiße Augenkompressen werden von den Hunden in der Regel gerne toleriert. Hagelkörner werden vom Tierarzt unter lokaler Betäubung ausgedrückt und ebenfalls, um einer Entzündung vorzubeugen, antibiotisch versorgt. Wenn sie immer wieder neu auftreten, kann die Meibomsche Drüse auch durch Kälteeinwirkung (Kryochirurgie) verödet werden.

Vorbeugung: Augenliderkrankungen kann man eigentlich nicht durch Vorbeugemaßnahmen verhindern. Lediglich die Verschlimmerung einer Verletzung durch bakterielle Zusatzinfektion wird durch die sofortige Versorgung meist verhindert.

Gefahr für den Menschen: keine.

Bindehaut

Leitsymptome

→ Rötung der Bindehaut

→ Verkleben der Augen durch Sekret

→ Augenausfluss

→ Juckreiz

Allgemeines: Bindehautentzündungen (Konjunktivitis) treten vor allem bei jungen Hunden auf. Bei Ektropium (Auswärtsdrehen des unteren Lidrandes), Entropium (Einwärtsdrehen des unteren Lidrandes), Trichiasis (fehlgerichtete Wimpern) oder Lidtumoren ist die Konjunktivitis ein Leitsymptom. Ursachen sind

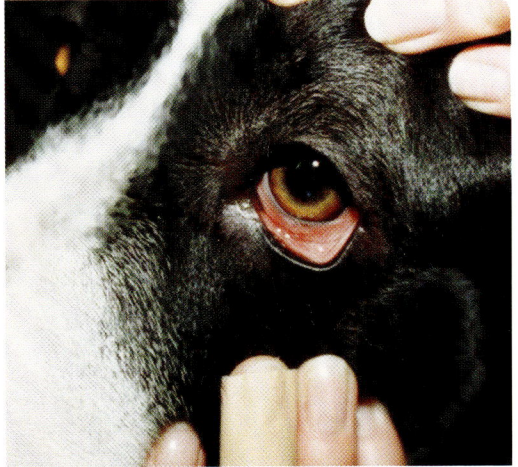

Eine Bindehautentzündung beeinträchtigt durch Juckreiz und Schmerzen die Lebensfreude des Patienten.

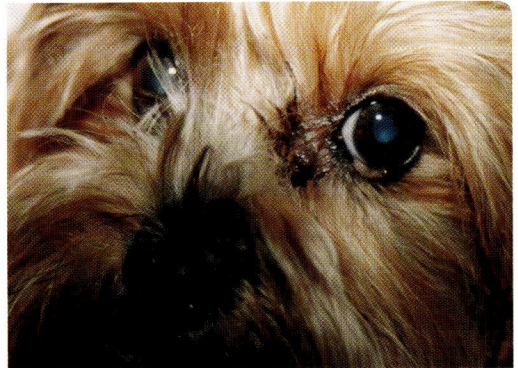

Wird der Augenausfluss trübe, sind Bakterien am Krankheitsgeschehen beteiligt.

Infektionserreger wie Viren, Bakterien, Chlamydien und Mykoplasmen. Aber auch Allergien oder Reizungen durch starken Zigarettenrauch können für Entzündungen der Augenbindehäute verantwortlich gemacht werden. Im Rahmen von systemischen (den ganzen Körper betreffenden) Viruserkrankungen wie zum Beispiel Zwingerhusten und Staupe tritt eine Konjunktivitis ebenfalls auf. Bei kleinen Hunderassen findet man häufig Verwachsungen oder Verklebungen des Tränen-Nasen-Kanals, wodurch die Tränenflüssigkeit nicht abfließen kann und über den Lidrand tropft. Solche Tiere sind ebenfalls sehr anfällig für Bindehautentzündungen. Im Sommer entstehen Reizungen der Augen nicht selten bei Hunden, die gerne aus dem Fenster eines fahrenden Autos schauen oder auf dem Rücksitz eines offenen Cabriolets mitfahren. Der Fahrtwind selbst sowie kleinste Fremdkörper, die in die Augen fliegen, verursachen häufig Probleme. Zusätzliche Infektionen mit Bakterien verschlimmern das Krankheitsbild.

Symptome: Das Leitsymptom einer Konjunktivitis ist ein „rotes Auge" mit Augenausfluss, Juckreiz und Lichtüberempfindlichkeit. Bei Beteiligung von Bakterien am Krankheitsgeschehen wird der anfänglich klare Augenausfluss trübe.

Therapie: Wenn eine Bindehautentzündung im Rahmen einer Allgemeinerkrankung auftritt, wird der Tierarzt nicht nur das Auge, sondern den „ganzen Hund" behandeln. Bei Beteiligung von Bakterien werden antibiotikahaltige Augensalben eingesetzt. Einer Viruskonjunktivitis lässt sich durch Stärkung der körpereigenen Abwehrkräfte mit Paramunitätsinducern und Vitamin C sowie virushemmende Augensalben begegnen. Bei Allergien sollte im günstigsten Fall die allergieauslösende Substanz aus dem Bereich des Patienten entfernt werden. Ist dies nicht möglich, so lässt sich bei starken Beschwerden der Einsatz von Kortison nicht vermeiden. Zigarettenrauch ist auch für Hunde und nicht nur für die Augen schädlich. In Räumen, wo Hunde leben, sollte daher nicht geraucht werden. Ektropium, Entropium, Trichiasis sowie Lidtumoren sollten – vor allem dann, wenn sie chronische Bindehautentzündungen hervorrufen – chirurgisch versorgt werden.

Antibiotikahaltige Augensalben müssen mindestens 6 Tage verabreicht werden. Auch wenn vor Ablauf dieser Zeit die Symptome verschwinden, muss die Behandlung zu Hause fortgesetzt werden, um Rückfälle zu vermeiden. Bitte heben Sie geöffnete Augensalben-Tuben oder Augentropfen nicht länger als 8 Tage auf. Sie werden durch die Außenluft bakteriell verunreinigt und richten bei erneutem Gebrauch mehr Schaden als Nutzen an.

Bei einer Konjunktivitis hat sich eine **heiße Augenkompresse** vor der Verabreichung von Augensalbe sehr bewährt. Dabei wird ein mit sehr heißem Wasser getränkter und danach ausgedrückter Wattebausch etwa 2 Minuten auf jedes entzündete Auge gepresst. Eingetrocknete Sekrete werden dadurch schonend gelöst. Gleichzeitig wird die Durchblutung der Augenbindehaut und damit die Heilung gefördert. Das Wasser darf ruhig so heiß sein, dass Sie es gerade noch ertragen können, wenn Sie die Temperatur auf Ihrem Handrücken prüfen.

Vorbeugung: Unterbinden Sie das Hinausschauen aus dem Autofenster während der Fahrt und lassen Sie angeborene oder später entstandene Auslöser für Entzündungen der Bindehaut (z. B. Ektropium, Entropium) rechtzeitig von Ihrem Tierarzt behandeln. Bei Hunden mit Verstopfung oder Verwachsung des Tränen-Nasen-Kanals helfen die oben beschriebenen heißen Augenkompressen, eine Konjunktivitis zu verhindern.

Gefahr für den Menschen: keine.

Naturheilkunde

Die Blätter des **Walnussbaums** (*Juglans regia*) wirken beruhigend auf eine entzündete Augenbindehaut. Lassen Sie sich von Ihrem Apotheker eine Tinktur aus Walnussblättern herstellen. Fünf Tropfen mit ½ Liter Wasser verdünnt ergeben eine Badelösung für die Augen. Tauchen Sie einen Wattebausch in diese Badelösung und legen Sie ihn (ohne ihn vorher auszudrücken) auf die entzündeten Augen Ihres Hundes. Mit der herunterlaufenden Flüssigkeit werden Entzündungserreger aus dem Auge herausgespült.

Tränenapparat

Leitsymptome

→ rötlich-braune Sekretrinne vom inneren Augenwinkel bis zur Gesichtsmitte

→ Fellverfärbung bei hellem Fell

Allgemeines: Unter **Epiphora**, einem krankhaften **Tränenfluss** mit brauner Sekretrinne vom inneren Augenwinkel bis in die Mitte des Gesichts, leiden viele Kleinstrassen (z. B. Zwergpudel, Yorkshire, Malteser). Ursache ist eine Verengung des Tränen-Nasen-Kanals, bedingt durch die Zwergzucht. Verstopft der ohnehin enge Kanal oder verklebt er durch Entzündungsvorgänge, so fließt die Tränenflüssigkeit nicht mehr ab. Das betroffene Auge „läuft über", wodurch die bereits erwähnte Sekretrinne entsteht.

Symptome: Neben der unschönen Sekretrinne können sich in der Augenbindehaut und auf der Haut unter der Sekretrinne Entzündungen entwickeln.

Therapie: Handelt es sich nur um eine Verstopfung des Abflusskanals, so kann das Übel durch eine **Spülung** mit einer Sonde behandelt werden. Oft muss diese Prozedur mehrmals wiederholt werden, bis sich dauerhafter Erfolg zeigt. In vielen Fällen ist die Therapie jedoch nicht erfolgreich. **Augenkompressen** mit einem in heißem Wasser (kein Kamillentee!)

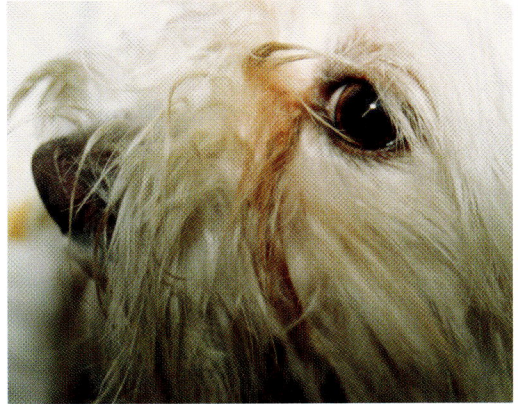

Eine bräunliche Sekretrinne findet man häufig bei Hunden mit Verstopfung des Tränen-Nasen-Kanals.

getränkten Wattebausch führen zur Reinigung der Augen und der Sekretrinne. Eine übermäßige Verfärbung des Fells und Entzündungen der Haut durch überfließende Tränenflüssigkeit können durch Einreiben mit Vaseline verhindert werden.

Vorbeugung: Regelmäßige heiße Augenkompressen einmal täglich.

Gefahr für den Menschen: keine.

Augenhornhaut

Leitsymptome

→ Trübung der Augenhornhaut

→ Rötung des Auges

→ Schmerzen

Naturheilkunde

Der Bereich unter dem „überfließenden Auge" kann mit **Ringelblumensalbe** eingerieben werden. Das verhindert die Verfärbung des Fells, beugt Entzündungen vor und heilt bereits bestehende Irritationen der Haut.

Allgemeines: Entzündliche und **nichtentzündliche** Veränderungen der Augenhornhaut (**Kornea**) werden häufig durch Verletzungen, Infektionserreger oder Allgemeinerkrankungen hervorgerufen. **Rassespezifische Entzündungen** der Augenhornhaut findet man beim Schäferhund (Schäferhundkeratitis), beim Boxer (Boxerkeratitis) sowie beim Dackel (Dackelkeratitis). Auch andere Hunderassen

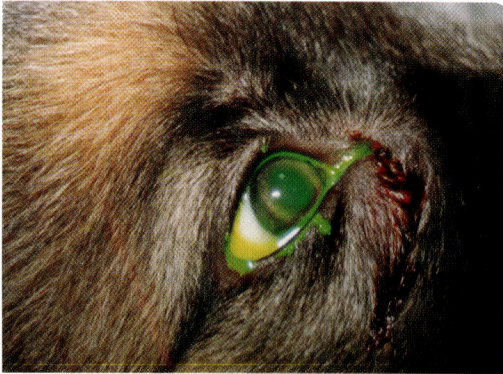

Mit einer fluoreszierenden Flüssigkeit werden Hornhautveränderungen sichtbar gemacht.

können, wenn auch nicht so häufig, erkranken. Es handelt sich bei dieser rassespezifischen Augenerkrankung um eine Autoimmunerkrankung. Dabei erkennt das Immunsystem die Augenhornhaut nicht als körpereigene Substanz und bekämpft sie wie einen Fremdkörper. Als Folge von **mangelnder Tränenflüssigkeitsbildung** („trockenes Auge") entstehen ebenfalls schwerste Entzündungen der Augenhornhaut.

Symptome: Korneaerkrankungen sind sehr schmerzhaft. Das Leitsymptom dieser Augenkrankheit ist die Hornhauttrübung. Die Sehfähigkeit ist eingeschränkt. Im fortgeschrittenen Stadium, vor allem bei bakterieller Zusatzinfektion, kann die Kornea durchbrechen, was häufig den Verlust des Auges zur Folge hat.

Therapie: Zur Untersuchung der Kornea tropft der Tierarzt eine fluoreszierende Flüssigkeit in das erkrankte Auge. Aufrauungen der Hornhaut, Verletzungen oder Geschwüre werden dadurch gelb fluoreszierend angefärbt und sind bei Lichteinfall deutlich zu sehen. Bei positivem Befund müssen **antibiotikahaltige Augensalben** mehrmals täglich verabreicht werden. Bei ausgeprägten Hornhautveränderungen oder durchgebrochener Hornhaut hilft nur eine Operation, um das Auge zu retten.

Mit Hilfe des Schirmer-Testes wird die Produktion der Tränenflüssigkeit kontrolliert.

Ein Teststäbchen wird dazu in die Bindehaut des Auges gelegt und nach 2 Minuten das Ergebnis auf einer Tabelle abgelesen. Ist zu wenig Tränenflüssigkeit vorhanden, besteht die Therapie in der Verabreichung von **Tränenflüssigkeits-Ersatz** in Tropfenform. Die Tropfen müssen mehrmals täglich angewendet werden.

Bei der autoimmun-bedingten Keratitis (Augenhornhautentzündung) müssen nach Abheilung der akuten Erkrankung antibiotika- und kortisonhaltige Augensalben lebenslang vorbeugend verabreicht werden, um ein Wiederaufflackern (Rezidiv) der Augenkrankheit zu verhindern.

Vorbeugung: Eine Vorbeugung ist nicht möglich.

Gefahr für den Menschen: keine.

Grüner Star

Leitsymptome

→ rotes Auge
→ starke Schmerzen

Allgemeines: Das **Glaukom**, im Volksmund Grüner Star genannt, ist eine Notfallsituation und erfordert sofortiges Handeln, um dem betroffenen Hund das Augenlicht zu erhalten. Es handelt sich um eine Behinderung des Augenkammerwasser-Abflusses, der mit einer Erhöhung des Augeninnendrucks einhergeht.

Symptome: Das betroffene Auge ist gerötet und fühlt sich prall an. Die Tiere leiden durch den Druck auf den Sehnerv an starken Schmerzen und können innerhalb weniger Stunden erblinden. Das Verhalten der betroffenen Hunde ist durch die Schmerzen verändert. Je nach Charakter sind sie aggressiv oder ziehen sich zurück. Sie lehnen Nahrung und Flüssigkeit ab, sind unruhig und drücken den Kopf gegen Polstermöbel oder die Beine des

Besitzers. Jede Verhaltensänderung des Hundes, die auf Schmerzen schließen lässt, in Verbindung mit Rötung eines oder beider Augen sollte immer Anlass genug sein, einen Tierarzt zu konsultieren (auch nachts!).

Therapie: Mit speziellen **Augentropfen**, die den Kammerwinkel erweitern, kann der Augendruck in manchen Fällen kontrolliert werden. Bei fortgeschrittenem Glaukom hilft meist nur ein **chirurgischer Eingriff**.

Vorbeugung: Die Vorbeugung des Glaukoms ist nicht möglich.

Gefahr für den Menschen: keine.

Grauer Star

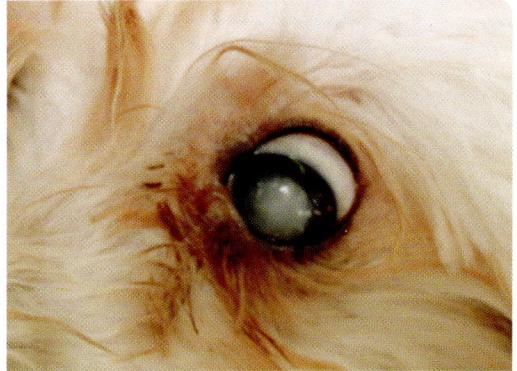

Die Trübung der Augenlinse beim grauen Star entwickelt sich meist schleichend.

Leitsymptome

→ weißlich graue Trübung der Augenlinse

→ Sehbehinderung

Allgemeines: Durchblutungsstörungen aufgrund einer Minderleistung des Herzens sind oft die Ursachen für eine schleichende Trübung der Augenlinse (**Katarakt, grauer Star**), die mit zunehmendem Alter auftritt. Beim Pudel gibt es eine erblich bedingte Linsentrübung, die sich ebenfalls schleichend über Jahre entwickelt. Katarakte beim Hund werden auch häufig im Zusammenhang mit Diabetes mellitus (Zuckerkrankheit) gesehen.

Symptome: Mit zunehmender Trübung der Augenlinse wird die Sehkraft immer mehr beeinträchtigt.

Therapie: Wenn keine Erkrankung wie zum Beispiel Diabetes mellitus vorliegt und das Auge gesund ist, kann die getrübte Linse chirurgisch entfernt werden. Die **Implantation von Kunststofflinsen** wie in der Humanmedizin wird auch beim Hund inzwischen erfolgreich durchgeführt. Nach Heilung der Operationswunde ist die Funktion des Auges wieder vollständig hergestellt. Allerdings ist eine solche Operation einem Fachtierarzt für Augenheilkunde vorbehalten. Bei Durchblutungsstörungen aufgrund einer Minderleistung des Herzens oder Diabetes mellitus muss die Grundkrankheit behandelt werden.

Vorbeugung: Zur Vorbeugung und auch um den Krankheitsverlauf zu verzögern, wird bei älteren Hunden häufig ein Präparat (Karsivan) eingesetzt, das die Durchblutung und damit die Sauerstoffversorgung des Körpergewebes erhöht.

Gefahr für den Menschen: keine.

Erkrankungen des äußeren Gehörgangs

Leitsymptome

→ Kopfschütteln, Kratzen

→ krümeliger, schmieriger und unangenehm riechender Ohrenschmalz

Allgemeines: Ursachen für Entzündungen des äußeren Gehörgangs können Milben, Bakterien, Pilze und Fremdkörper sein.

Symptome: Ohrmilben können Hunde jeden Alters befallen, meist sind jedoch junge Hunde betroffen. Das Ohr wehrt sich durch vermehrte Ohrenschmalzproduktion, wodurch normaler-

Die Behandlung einer Ohrenentzündung muss mindestens 6 Tage konsequent durchgeführt werden.

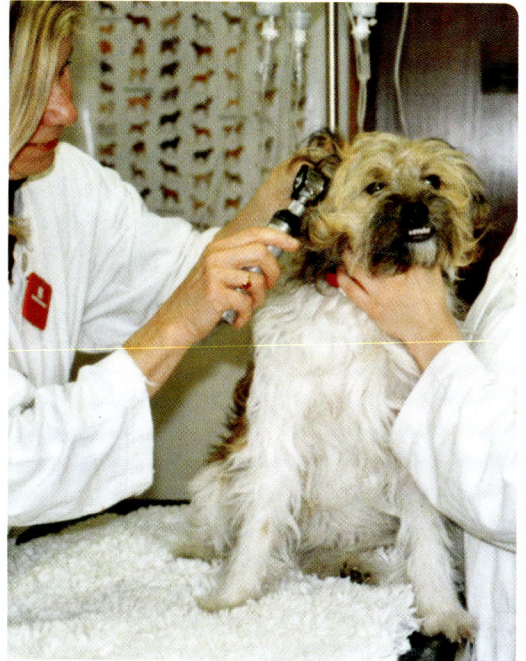

Die Tierärztin kontrolliert mit einem Otoskop den Gehörgang.

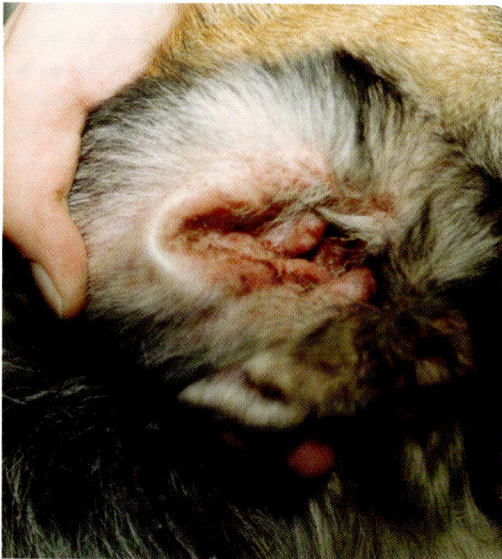

Entzündungen des äußeren Gehörgangs können durch Parasiten, Bakterien, Pilze und Fremdkörper verursacht werden.

weise einzelne Milben absterben. Lediglich bei geschwächten, sehr jungen oder auch sehr alten Tieren kommt es zu Massenbefall mit Ohrmilben und den daraus entstehenden Störungen. Erstes Anzeichen ist Juckreiz. Der Hund kratzt sich ständig an den Ohren und schüttelt den Kopf. Typisch für Milbenbefall ist die dunkelbraune bis schwarze Farbe und die trockene, krümelige Beschaffenheit des Ohrenschmalzes. Ohrmilben können durch direkten Kontakt von Hund zu Hund sowie über Decken und Pflegeutensilien (Bürsten) übertragen werden. Zusätzliche Infektionen mit Bakterien und Pilzen führen zu schweren Entzündungen, die sich, wenn sie nicht behandelt werden, bis ins Mittelohr ausdehnen können.

Es müssen jedoch nicht immer Milben sein, die zu Entzündungen des äußeren Gehörgangs führen. Vor allem im Sommer, wenn die Hunde gerne in Flüssen oder Seen baden, findet der

Tierarzt häufig durch Bakterien verursachte Ohrentzündungen. Wenn Hunde über Wiesen streifen, verfangen sich nicht selten Grasgrannen im Ohr und verursachen schwere Entzündungen. Grasgrannen haben Widerhaken. Dadurch können sie vom Hund nicht durch Schütteln des Kopfes aus dem Ohr geschleudert werden. Ständiges Kopfschütteln und Kratzen am Ohr sind auch hier die Leitsymptome.

Therapie: Der Tierarzt wird zunächst das Ohr gründlich reinigen und danach ein Medikament hineinträufeln, welches die Krankheitserreger (Parasiten, Bakterien, Pilze) abtötet. Fremdkörper wie zum Beispiel Grasgrannen werden mit einer speziellen Ohrzange entfernt. Bei manchen Hunden ist dafür eine Kurznarkose erforderlich.

Bei **chronischer Ohrentzündung** entnimmt der Tierarzt zunächst einen Abstrich aus dem erkrankten Ohr. Eine bakterielle Untersuchung des Abstrichs mit Anfertigung eines Antibiogramms gibt Auskunft über die Art des Erregers und darüber, welches Medikament wirksam ist. Dadurch ist eine gezielte Behandlung möglich.

Die Ohrbehandlung muss zu Hause noch mindestens 6 Tage weitergeführt werden. Das flüssige Medikament wird einmal täglich in die Ohren getropft. Sparen Sie nicht dabei; die Ohren müssen randvoll gefüllt werden. Das Präparat wird mit kreisenden Bewegungen bis zum Trommelfell massiert, damit auch tief sitzende Erreger erreicht werden. Putzen Sie die Ohrmuscheln des Hundes nach der Behandlung nur außen mit einem Papiertaschentuch leicht ab. **Gehen Sie niemals mit einem Wattestäbchen in den Gehörgang!** Sie drücken dadurch Entzündungsprodukte tief in das Ohr und verschlimmern nur das Krankheitsbild. Nach einer Woche sollten Sie den Patienten erneut dem Tierarzt zur Kontrolle vorstellen. Manchmal kann es erforderlich sein, die Therapie noch ein paar Tage zu verlängern, damit die Ohrerkrankung völlig abheilt.

Naturheilkunde

Tiere mit massivem Parasitenbefall und immer wieder auftretenden Ohrentzündungen sind in ihrer körpereigenen Abwehr geschwächt, sonst könnten sich die Erreger gar nicht erst in diesen Mengen vermehren. Zusätzlich zu der lokalen Ohrbehandlung empfiehlt sich daher, die Abwehrkräfte mit Präparaten aus der Naturheilkunde zu stärken. Dazu eignet sich **roter Sonnenhut** (*Echinacea purpurea*). Die Tinktur aus der Heilpflanze kann dem Hund mit dem Futter (1 Tropfen pro kg Körpergewicht am Tag) verabreicht werden

Vorbeugung: Ein- bis zweimal pro Jahr, im Rahmen einer allgemeinen Gesundheitskontrolle, sollte auch mit einem Otoskop in die Ohren geschaut werden, um eventuell beginnende Entzündungen im Anfangsstadium erkennen und behandeln zu können.
Gefahr für den Menschen: keine.

Mittelohrentzündung

Leitsymptome

→ Kopfschiefhaltung, Kopfschütteln

→ Schmerzen

→ Fieber

Allgemeines: Chronische und unbehandelte Entzündungen des äußeren Gehörgangs sowie aufsteigende Infektionen aus dem Nasen-Rachen-Raum können sich auf das Mittelohr ausdehnen.

Symptome: Eine Mittelohrentzündung ist sehr schmerzhaft. Typisches Symptom ist das Schiefhalten des Kopfes nach der Seite des erkrankten Ohres. Das Allgemeinbefinden des Hundes ist gestört. Häufig besteht Fieber.

Naturheilkunde

Zusätzlich zur Antibiotikabehandlung kann man mit **rotem Sonnenhut** (*Echinacea purpurea*) die Selbstheilungskräfte des Körpers stärken.

Therapie: Der Tierarzt wird hochdosiert und über längere Zeit **Antibiotika** verabreichen, um eine vollständige Heilung zu erreichen. Bei verschleppter Erkrankung kann die Entzündung chronisch werden und in Schüben immer wieder aufflackern.

Vorbeugung: Entzündungen des äußeren Gehörgangs sollten immer rechtzeitig behandelt werden, um eine Verschleppung ins Mittelohr zu vermeiden.

Gefahr für den Menschen: keine.

Erkrankungen des Nervensystems

Epilepsie

Leitsymptom

→ fokale (von einem Herd ausgehend) oder generalisierte Krampfanfälle mit und ohne Bewusstseinsverlust

Allgemeines: Bei Kleinpudelrassen, Zwergschnauzern, Beagles und Collies findet man gehäuft eine angeborene Neigung zu epileptischen Anfällen. Die Ursache für die Entstehung dieser Anfälle ist nicht bekannt, man vermutet bei diesen Tieren eine Gehirnfunktionsstörung. Die ersten Anfälle beginnen meist im 2. Lebensjahr. Epileptische Anfälle können auch im Zusammenhang mit Gehirnerkrankungen (z. B. Gehirntumoren, Gehirnhautentzündungen, Staupe, Gehirnverletzungen nach Unfällen) und anderen Organkrankheiten (z. B. Lebererkrankungen) auftreten. In diesen Fällen ist die Epilepsie keine eigenständige Erkrankung, sondern lediglich ein Symptom für die verschiedensten Störungen.

Symptome: Der typische epileptische Anfall beginnt plötzlich. Manchmal kann man kurz vorher im Verhalten des Hundes Anzeichen für einen beginnenden Krampfanfall feststellen, wie zum Beispiel „Aufhorchen", „Fliegenschnappen", Unruhe. In vielen Fällen kommen die Krämpfe jedoch „wie aus heiterem Himmel". Der Hund fällt hin, wobei er oft aufschreit. Der Körper des Tieres verkrampft sich zunächst. Nach wenigen Sekunden beginnen die eigentlichen rhythmischen Krämpfe, wobei der Patient mit den Gliedmaßen rudert, Speichel zu Schaum kaut, häufig jammernde Laute ausstößt und Kot und Urin absetzt. Häufig ist der Patient ohne Bewusstsein. Ein solcher Anfall dauert meist nur wenige Minuten, kann jedoch auch mehr als eine viertel Stunde bis zu Stunden dauern. Dauert der Anfall länger oder vergeht er ohne Therapie gar nicht mehr, spricht man vom **Status epilepticus**. Nach dem Anfall ist der Hund zunächst noch orientierungslos und nicht ansprechbar. In der Regel erholt er sich nach kurzer Zeit. Nicht immer tritt die Epilepsie mit den beschriebenen typischen Symptomen auf. Die Anfälle können auch leichter sein, der Patient bei Bewusstsein, die Krämpfe nicht so stark. Auch Erscheinungsformen, bei denen der Hund anfallsweise im Kreis herumläuft oder nur leichte Zuckungen am Kopf oder an den Gliedmaßen zeigt, zählen zur Epilepsie.

Therapie: Um bei einem Hund einen epileptischen Anfall zu beenden, spritzt der Tierarzt Valium. Das ist das Mittel der Wahl bei akuter Epilepsie. Vor allem dann, wenn mehrere Anfälle kurz hintereinander auftreten, ein Anfall längere Zeit anhält oder gar nicht mehr aufhört, kann die Injektion von **Valium** lebensrettend sein. Danach muss nach den Ursachen der Epilepsie geforscht werden. Die Behand-

Naturheilkunde

Zusätzlich zur Antibiotikabehandlung kann man mit **rotem** Naturheilkunde Unterstützend zur tierärztlichen Behandlung wirkt die **Passionsblume** (*Passiflora incarnata*) krampflösend und beruhigend auf das Gehirn. Sie kann dem Hund als Dauertherapie täglich in Form von Tee oder Tabletten gegeben werden. Zwei Teelöffel Passionsblume werden mit 1 Tasse kochendem Wasser übergossen und 10 Minuten ziehen gelassen. Nach dem Abseihen und Abkühlen wird die Flüssigkeit über den Tag verteilt unter das Futter gemischt. Tabletten aus Passionsblume erhalten Sie in der Apotheke. Pro 10 kg Körpergewicht können 2 x täglich 1 Tablette verabreicht werden. **Sonnenhut** (*Echinacea purpurea*) die Selbstheilungskräfte des Körpers stärken.

lung richtet sich nach der Grundkrankheit. Oft ist es notwendig, über längere Zeit, manchmal auch lebenslang, krampfhemmende Arzneimittel (Antiepileptika) zu verabreichen. Jeder Patient muss auf die richtige Dosis dieser Medikamente individuell eingestellt werden.

Trotz medikamentöser Behandlung kann es dennoch hin und wieder zu Anfällen kommen. Damit sich der Hund nicht verletzt, sollten Sie ihn festhalten. Aber **Vorsicht:** Epileptiker entwickeln während eines Anfalls große Kräfte. Sie wissen nicht, was sie tun, erkennen ihren Besitzer nicht und sind meist in Panik. Achten Sie darauf, dass Sie der Hund nicht beißen kann. Legen Sie vorsichtig eine Decke über den krampfenden Hund und sprechen Sie beruhigend auf das Tier ein. Manchmal hilft es, leise zu singen, um den Anfall zu verkürzen. Das klingt zwar vielleicht für manche Leser etwas befremdend, meiner Erfahrung nach reagieren jedoch Tiere und insbesondere Hunde sehr positiv auf Singen.

Für den Fall, dass ein epileptischer Anfall länger als 2 Minuten andauert oder mehrere Anfälle hintereinander auftreten, sollten Sie Valium-Zäpfchen als Notfallmedikament zu Hause haben. Sprechen Sie mit Ihrem Tierarzt. Er wird Ihnen die Zäpfchen gerne überlassen.

Wenn der Hund auf Antiepileptika eingestellt ist, dürfen diese Medikamente nicht abrupt abgesetzt werden. Es entstehen sonst schwerste Entzugsanfälle, die den Patienten das Leben kosten können. Soll das krampfhemmende Präparat nicht mehr verabreicht werden, muss es unter tierärztlicher Kontrolle langsam „ausgeschlichen" werden.

Vorbeugung: Außer einer regelmäßigen Gesundheitskontrolle durch den Tierarzt gibt es keine Vorbeugemaßnahmen gegen Epilepsie. Hunde mit angeborener Epilepsie sollten, um die Erkrankung nicht weiterzuvererben, von der Zucht ausgeschlossen werden.

Gefahr für den Menschen: keine.

Service

Literatur

Budras, K.-D., W. Fricke, R. Richter (2007): Atlas der Anatomie des Hundes. Schlütersche Verlagsanstalt, Hannover.

Fintelmann, V., R.F. Weiss (2005): Lehrbuch der Phytotherapie. Hippokrates Verlag, Stuttgart.

Grünbaum, E.-G., E. Schimke (2007): Klinik der Hundekrankheiten. Enke Verlag, Stuttgart.

Misol, V., G. Franz (2009): Homöopathie für Hunde. Verlag Eugen Ulmer, Stuttgart.

Niemand, H.G., P.F. Suter, B. Kohn (2006): Praktikum der Hundeklinik. Parey Verlag, Stuttgart.

Schrey, C.F. (2005): Leitsymptome und Leitbefunde bei Hund und Katze. Schattauer Verlag, Stuttgart.

Specht, S. (2010): Meridiantafeln für die Akupressur beim Hund. Verlag Eugen Ulmer, Stuttgart.

Bildquellen

Alle Fotos bis auf die folgenden stammen von der Autorin: Schmidt-Röger, Heike: Seite 2, 3, 4, 5, 6, 8, 9 (2), 10 (o.), 12 (re.), 13 (u.), 14, 16, 17 (2), 18 (o.), 20, 22, 38

Register

Wichtig!

Hinsichtlich der in diesem Buch angegebenen Dosierungen von Medikamenten usw. wurde die größtmögliche Sorgfalt beachtet. Gleichwohl werden die Leser aufgefordert, die entsprechenden Beipackzettel der Hersteller zur Kontrolle heranzuziehen. Die beispielhafte Auflistung von Medikamenten bzw. Wirkstoffen ist kein Beweis dafür, dass diese in Deutschland zugelassen sind. Der behandelnde Tierarzt/Therapeut ist aufgefordert, die jeweilige (Zulassungs-)Situation zu überprüfen.

Die in diesem Buch enthaltenen Empfehlungen und Angaben sind von der Autorin mit größter Sorgfalt zusammengestellt und geprüft worden. Eine Garantie für die Richtigkeit der Angaben kann aber nicht gegeben werden. Autorin und Verlag übernehmen keinerlei Haftung für Schäden und Unfälle. Der Leser sollte bei der Anwendung der in diesem Buch enthaltenen Empfehlungen sein persönliches Urteilsvermögen einsetzen.

Impressum

Bibliografische Information der Deutschen Nationalbibliothek

Die Deutsche Nationalbibliothek verzeichnet diese Publikation in der Deutschen Nationalbibliografie; detaillierte bibliografische Daten sind im Internet über http://dnb.d-nb.de abrufbar.

©2011 Eugen Ulmer KG
Wollgrasweg 41, 70599 Stuttgart
(Hohenheim)
E-Mail: info@ulmer.de
Internet: www.ulmer.de
Umschlagentwurf: Atelier Reichert, Stuttgart
Lektorat: Dr. Martina Lackhoff,
Antje Springorum
Herstellung: Ulla Stammel
Umschlagentwurf: Atelier Reichert, Stuttgart
Titelfoto: animals-digital/Th. Brodmann
Satz: r&p digitale medien, Echterdingen
Reproduktion: Timeray, Herrenberg
Druck und Bindung: Pustet KG, Regensburg
Printed in Germany

ISBN 978-3-8001-5904-8